Okan Ecin

Systemtheoretische Modellbildung und Simulation eines Strömungssensors

Okan Ecin

Systemtheoretische Modellbildung und Simulation eines Strömungssensors

Systemtheoretische Modellbildung und Simulation eines thermofluiddynamischen Time-of-Flight-Strömungssensors

Südwestdeutscher Verlag für Hochschulschriften

Impressum / Imprint

Bibliografische Information der Deutschen Nationalbibliothek: Die Deutsche Nationalbibliothek verzeichnet diese Publikation in der Deutschen Nationalbibliografie; detaillierte bibliografische Daten sind im Internet über http://dnb.d-nb.de abrufbar.

Alle in diesem Buch genannten Marken und Produktnamen unterliegen warenzeichen-, marken- oder patentrechtlichem Schutz bzw. sind Warenzeichen oder eingetragene Warenzeichen der jeweiligen Inhaber. Die Wiedergabe von Marken, Produktnamen, Gebrauchsnamen, Handelsnamen, Warenbezeichnungen u.s.w. in diesem Werk berechtigt auch ohne besondere Kennzeichnung nicht zu der Annahme, dass solche Namen im Sinne der Warenzeichen- und Markenschutzgesetzgebung als frei zu betrachten wären und daher von jedermann benutzt werden dürften.

Bibliographic information published by the Deutsche Nationalbibliothek: The Deutsche Nationalbibliothek lists this publication in the Deutsche Nationalbibliografie; detailed bibliographic data are available in the Internet at http://dnb.d-nb.de.

Any brand names and product names mentioned in this book are subject to trademark, brand or patent protection and are trademarks or registered trademarks of their respective holders. The use of brand names, product names, common names, trade names, product descriptions etc. even without a particular marking in this works is in no way to be construed to mean that such names may be regarded as unrestricted in respect of trademark and brand protection legislation and could thus be used by anyone.

Coverbild / Cover image: www.ingimage.com

Verlag / Publisher:
Südwestdeutscher Verlag für Hochschulschriften
ist ein Imprint der / is a trademark of
AV Akademikerverlag GmbH & Co. KG
Heinrich-Böcking-Str. 6-8, 66121 Saarbrücken, Deutschland / Germany
Email: info@svh-verlag.de

Herstellung: siehe letzte Seite /
Printed at: see last page
ISBN: 978-3-8381-3504-5

Zugl. / Approved by: Duisburg, Universität Duisburg-Essen, Diss., 2013

Copyright © 2013 AV Akademikerverlag GmbH & Co. KG
Alle Rechte vorbehalten. / All rights reserved. Saarbrücken 2013

Danksagung

Die vorliegende Arbeit entstand während meiner Forschungstätigkeit als wissenschaftlicher Mitarbeiter am Fachgebiet Elektronische Bauelemente und Schaltungen (EBS) unter der Leitung von Herrn Prof. Dr. rer. nat. Anton Grabmaier der Universität Duisburg-Essen im Rahmen des durch die Deutsche Forschungsgemeinschaft (DFG) unterstützten Förderprogramms ANTEMES (**An**wendung nachrich**te**ntechnischer **Me**thoden zur **S**ensorsignalauswertung).

Mein besonderer Dank gilt Herrn Prof. Bedrich J. Hosticka, Ph.D., als Doktorvater für die Themenstellung und Betreuung dieser Arbeit. Seine wertvollen fachlichen Hinweise und Anregungen haben wesentlich zum Gelingen dieser Arbeit beigetragen.

Weiterhin gilt mein Dank Herrn Prof. Dr. rer. nat. Anton Grabmaier als Fachgebietsleiter für die Ermöglichung der Durchführung der vorliegenden Arbeit.

Herrn Prof. Dr.-Ing. Thomas Kaiser danke ich für die Übernahme des Korreferats.

Herrn Dipl.-Ing. Christian Lange und Herrn Dipl.-Ing. M. Sc. Georgios Dogiamis danke ich für die zahlreichen und mannigfaltigen Gespräche, die die Arbeit in besonderem Maße angeregt haben. Zudem danke ich den beiden Herren für die inhaltliche Durchsicht der gesamten Arbeit.

Bei Herr Dr.-Ing. Tarek El Hawary und Herr Dr.-Ing. Irhad Buljina bedanke ich mich für die sorgfältige Durchsicht der thermofluiddynamischen Aspekte im zweiten Kapitel der Arbeit, sowie bei Herrn Dipl.-Biol. Bertan Bopp für das Korrekturlesen der gesamten Arbeit.

Bei meinen Eltern und meinen beiden Geschwistern möchte ich mich für die viele Geduld und ständige Unterstützung ganz herzlich bedanken.

Inhaltsverzeichnis

Danksagung I

Inhaltsverzeichnis III

Nomenklatur VII

Liste der Publikationen XVII

1. Einleitung 1

    1.1 Thermische Strömungssensorik 4

    1.2 Wissenschaftliche Identität der Arbeit 6

    1.3 Konzept und Gliederung der Arbeit 6

2. Temperaturlaufzeitbasierter Strömungssensor 9

    2.1 Grundlagen der Thermofluiddynamik 9

        2.1.1 Dynamisches Verhalten viskoser Fluide 9

        2.1.2 Thermofluiddynamische Parameter und Kennzahlen 11

        2.1.3 Fluidik in Rohrströmungssystemen 16

        2.1.4 Grundgleichungen der Wärmeübertragung 20

    2.2 Sensorkonzept 21

    2.3 Vergleich zu weiteren Strömungsmessprinzipien 24

3. Systemtheorie zu der TTOF-Messtechnik 26

    3.1 Anregungssignale des TTOF-Systems 27

    3.2 Lineare Systeme 30

        3.2.1 Allgemeine Eigenschaften und Beschreibungsform linearer Systeme 30

        3.2.2 TTOF-Strömungssensor als LZI-System 32

    3.3 Modellbildung der Wärmeerzeugung 35

        3.3.1 Hitzdrahtverfahren 35

        3.3.2 Thermofluiddynamik des Hitzdrahtsystems 37

        3.3.3 Beschreibung der Systemantwort 41

    3.4 Modellbildung der Wärmeübertragung in einer Rohrströmung 54

3.4.1 EINDIMENSIONALE FUNDAMENTALLÖSUNG DER ADVEKTION-DIFFUSION-GLEICHUNG 55

3.4.2 WÄRMEPULSLAUFZEITEN 60

3.5 MODELLBILDUNG DER WÄRMEDETEKTION 63

3.5.1 TEMPERATURSENSOREN 63

3.5.2 SYSTEMANTWORT VON THERMOELEMENTEN 64

3.6 FALTUNG DER IMPULSANTWORTEN 67

3.7 GRENZEN DES TTOF-MESSSYSTEMS 77

4. ZEITDISKRETE SIGNALVERARBEITUNGSVERFAHREN ZUR TTOF-BESTIMMUNG 78

4.1 KORRELATION IM ZEITBEREICH 79

4.2 KORRELATION IM FREQUENZBEREICH 81

4.3 LAUFZEITBESTIMMUNG ÜBER KORRELATION 83

4.4 DEKONVOLUTION 87

5. RAUSCHEN 90

6. EXPERIMENTELLE TTOF-MESSTECHNIK 99

6.1 VERSUCHSAUFBAU DES TTOF-SENSORS IN LUFT 103

6.2 VERSUCHSAUFBAU DES TTOF-SENSORS IN WASSER 104

6.3 NUMERISCHE FEM-SIMULATION 108

6.3.1 SOFTWARE COMSOL-MULTIPHYSICS 108

6.3.2 SIMULATIONSMODELLE 109

7. ERGEBNISSE 118

7.1 LINEARITÄT DES SENSORS 118

7.2 KONVEKTIVE UND DIFFUSIVE SIGNALBILDUNG 122

7.3 THERMOFLUIDDYNAMISCHE LAUFZEITANALYSE 134

7.4 MODELLVALIDIERUNG DES SENSORSYSTEMS 139

7.5 ERMITTLUNG DER STRÖMUNGSGESCHWINDIGKEIT 152

7.6 RAUSCHMESSUNGEN DER THERMOELEMENTE 170

8. ZUSAMMENFASSUNG UND AUSBLICK 173

LITERATURVERZEICHNIS... **177**

NOMENKLATUR

Lateinische Buchstaben

Formelzeichen	Maßeinheit	Bezeichnung
a	m²/s	Temperaturleitfähigkeit
a_r		Relativer Fehler
b_{HD}	m	Breite des Hitzdrahts
B_n	Hz	Rauschbandbreite
A		Amplitude
A	m²	Fläche
A_M	m²	Mantelfläche
c_p	J/(kg·K)	Spezifische Wärmekapazität bei konstantem Druck
C	A·s/V	Elektrische Kapazität
C_1	K·m	Eindimensionale Proportionalitätskonstante
C_2	K·m·s^{0,5}	Zweidimensionale Proportionalitätskonstante
C_3	K·m·s	Dreidimensionale Proportionalitätskonstante
C_{th}	W·s/K	Wärmekapazität
d	m	Durchmesser
$f(x)$		Wahrscheinlichkeitsdichtefunktion
f	Hz	Frequenz

f_a	Hz	Analoge Signalfrequenz
f_s	Hz	Abtastfrequenz
f_{3dB}, f_g	Hz	3 dB-Grenzfrequenz
F	N	Kraft
F_r	N	Reibungskraft
F_s	N	Schubkraft
g_{th}	W/K	Wärmeleitfähigkeit
$G_0(x,t)$		Greensche Funktion
h_{HD}	m	Höhe des Hitzdrahts
$h(t)$	1/s	Impulsantwort
$h_F(t)$	1/s	Impulsantwort im Fluidgebiet
$h_{HD,th}(t)$	1/s	Thermische Übertragungsfunktion des Hitzdrahts im Zeitbereich
$h_{TE}(t)$	1/s	Impulsantwort des Thermoelements
$H_F(f)$		Thermische Übertragungsfunktion des Wärmeströmungssystems im Frequenzbereich
$H_{HD,th}(f)$		Thermische Übertragungsfunktion des Hitzdrahts im Frequenzbereich
$i(t)$	A	Stromsignal
i		Index
I	A	Elektrische Stromstärke
j		Index
k		Anzahl der Temperaturmessstellen

$k_{1,2}$		Skalar
K_{th}	K	Thermischer Übertragungsfaktor
l	m	Überströmlänge
l_{e}	m	Länge eines Fluidvolumenelementes
l_{HD}	m	Länge des Hitzdrahts
L	m	Charakteristische Länge
m		Index
m	kg	Masse
$\dot{m}$	kg/s	Massenstrom
n		Glied einer Folge
n		Dimension
Nu		Nußelt-Zahl
p	N·s	Impuls
p	Pa = N/m² = kg/(m·s²)	Druck
P	W	Leistung
Pe		Peclét-Zahl
Pr		Prandtl-Zahl
q	W = J/s	Wärmestrom
q'	W/m²	Wärmestromdichte
Q_{el}	A·s	Elektrizitätsmenge
Q_{th}	J	Wärmemenge

r	m	Polarkoordinate
$\vec{r}$	m	Ortsvektor
R	V/A	Ohmscher Widerstand
R_F	V/A	Widerstand des Hitzdrahts bei Fluidumgebungstemperatur
R_HD	V/A	Temperaturabhängiger Widerstand des Hitzdrahts
R	m	Radius
$R(\tau)$	K²·s	Thermische Korrelationsfunktion
R_th	K/W	Thermischer Widerstand
R_α	K/W	Wärmeübergangswiderstand
R_λ	(K/W)·m	Spezifischer Wärmewiderstand
Re		Reynolds-Zahl
s	1/s	Komplexe Frequenz
$S(f)$	W/Hz	Leistungsdichtespektrum
t	s	Zeit
T	K	Thermodynamische Temperatur
T	s	Zeitkonstante
T_f	s	Abfallzeit (fall time)
T_m	s	Messdauer
T_p	s	Pulsbreite
T_r	s	Anstiegszeit (rise time)
$u(t)$	V	Spannungssignal

$u_n(t)$	V	Rauschspannungssignal
u	m/s	Geschwindigkeitsfeld
u_m	m/s	Mittlere Strömungsgeschwindigkeit
u_{max}	m/s	Maximale Strömungsgeschwindigkeit
u_x	m/s	Geschwindigkeitskomponente in x-Richtung
U	V	Elektrische Spannung
U_{TE}	V	Verstärkte Spannung eines Thermoelements
$U_{TE,q}$	V	Quellenspannung eines Thermoelements
v		Verstärkungsfaktor
$v(t)$		Schiefe (Skewness)
V	m³	Volumen
$\dot{V}$	m³/s	Volumenstrom
W_{el}	J	Elektrische Energie
W_s	J	Signalenergie
$x[n]$		Signalfolge
$x(t)$		Signalfunktion
x	m	Ortskoordinate
x_e	m	Hydrodynamische Einlauflänge
$y[n]$		Signalfolge
$y(t)$		Signalfunktion
y	m	Ortskoordinate

z	m	Ortskoordinate

Griechische Buchstaben

Formelzeichen	Maßeinheit	Bezeichnung
α	W/(m²·K)	Wärmeübergangskoeffizient
α_T	1/K	Temperaturkoeffizient
α_S	1/K	Seebeck-Koeffizient
γ	rad	Scherwinkel
$\dot{\gamma}$	rad/s	Scherwinkelgeschwindigkeit
$\delta(t)$		Delta-Funktion
δ_S	m	Dicke der Strömungsgrenzschicht
δ_T	m	Dicke der Temperaturgrenzschicht
Δf	Hz	Bandbreite
Δf_s	Hz	Frequenzabstand
Δt_s	s	Abtastintervall
Δx	m	Strecke
$\Delta \vartheta$	K	Temperaturänderung
η	N·s/m² = Pa·s	Dynamische Viskosität
$\Theta(f)$	K·s	Temperatursignal im Frequenzbereich
$\vartheta(t)$	°C	Temperatursignal
ϑ	°C	Celsiustemperatur
ϑ_F	°C	Fluidtemperatur

ϑ_{F0}	°C	Umgebungstemperatur des Fluids
ϑ_{HD}	°C	Hitzdrahttemperatur
κ	(A/V)·m	Spezifische elektrische Leitfähigkeit
λ	W/(m·K)	Spezifische Wärmeleitfähigkeit
v	m²/s	Kinematische Viskosität
ρ	kg/m³	Dichte
ρ_{el}	(V/A)·m	Spezifischer Elektrischer Widerstand
$\sigma(t)$		Sprungfunktion
σ		Standardabweichung
τ	s	Zeitliche Verschiebung
τ_s	N/m² = Pa	Schubspannung
τ_{TOF}	s	Laufzeit
$\tau_{TOF,adv}$	s	Advektive Laufzeit
$\tau_{TOF,diff}$	s	Diffusive Laufzeit
φ	°	Phasenwinkel
ω	1/s	Kreisfrequenz
Ω		Normierte digitale Kreisfrequenz

Konstanten

Konstante	Bezeichnung
$e = 2{,}7182818$	Eulersche Zahl
$g = 9{,}81\ m/s^2$	Erdbeschleunigung
$j = \sqrt{-1}$	Imaginäre Einheit
$\pi = 3{,}1415926$	Kreiszahl
$k = 1{,}3806488 \cdot 10^{-23}\ J/K$	Boltzmann-Konstante

Abkürzungen

Abkürzung	Bedeutung
AKF	Autokorrelationsfunktion
CCA	Constant Current Anemometry
CFD	Numerische Strömungsmechanik (Computational Fluid Dynamics)
CTA	Constant Temperature Anemometry
DDT	Direct Discrete Time
DFT	Diskrete Fourier-Transformation
DSP	Digitale Signalverarbeitung (Digital Signal Processing)
F	Fluid
FEM	Finite-Elemente-Methode
FFT	Schnelle Fourier-Transformation (Fast Fourier-Transformation)
FT	Fourier-Transformation

HD	Hitzdraht
IDFT	Inverse Diskrete Fourier-Transformation
IFFT	Inverse Schnelle Fourier-Transformation
IFT	Inverse Fourier-Transformation
IG	Inverse Gauß-Verteilung
KKF	Kreuzkorrelationsfunktion
LZI-System	Lineares Zeitinvariantes System
PN	Pseudo Noise
SNR	Signal-Rausch-Verhätlnis (Signal-to-Noise Ratio)
TE	Thermoelement
TS	Temperatursensor
TTOF	Thermische Laufzeit (Thermal Time-of-Flight)
ZGG	Zeit-Geschwindigkeit-Gesetz

LISTE DER PUBLIKATIONEN

Teile der vorliegenden Arbeit wurden bereits publiziert:

- Engelien, E., Ecin, O., Viga, R., Hosticka, B.J., Grabmaier, A.: *Evaluation on Thermocouples for the Thermal Time-of-Flight Flow Measurement*, 54th International Scientific Colloquium Ilmenau, 2009.
- Ecin, O., Engelien, E., Malek, M., Viga, R., Hosticka, B.J., Grabmaier, A.: *Modelling Thermal Time-of-Flight Sensor for Flow Velocity Measurement*, COMSOL Conference Milan, 2009.
- Engelien, E., Ecin, O., Strathen, B., Viga, R., Hosticka, B.J., Grabmaier, A.: *Sensor Modelling for Gas Flow Measurements using Thermal Time-of-Flight Method*, Sensor + Test Conference 2010, 15. ITG/GMA-Fachtagung Nürnberg, 2010.
- Ecin, O., Engelien, E., Strathen, B., Malek, M., Gu, D., Viga, R., Hosticka, B.J., Grabmaier, A.: *Thermal Signal Behaviour for Air Flow Measurements as Fundamentals to Time-of-Flight*, 3rd IEEE Electronic System-Integration Technology Conference (ESTC), pp. 1-6, 2010.
- Engelien, E., Ecin, O., Viga, R., Hosticka, B.J., Grabmaier, A.: *Calibration-Free Volume Flow Measurement Principle Based on Thermal Time-of-Flight (TTOF) for Gases, Liquids and Mixtures*, 15th International Conference on Sensors and Measurement Technology 2011, AMA Service GmbH, 2011.
- Ecin, O., Engelien, E., Viga, R., Hosticka, B.J., Grabmaier, A.: *System-Theoretical Analysis and Modeling of Pulsed Thermal Time-of-Flight Flow Sensor*, IEEE 7th Conference on Ph.D. Research in Microelectronics and Electronics (PRIME), pp. 149-152, 2011.
- Ecin, O., Viga, R., Hosticka, B.J., Grabmaier, A.: *Signal Characterization of a Pulsed-Wire and Heat Flow System at a Flow Sensor*, IEEE 20th Conference on Circuit Theory and Design (ECCTD), pp. 413-416, 2011.
- Ecin, O., Malik, I.Y., Malek, M., Hosticka, B.J., Grabmaier, A.: *Thermo-Fluidic Impulse Response and TOF Analysis of a Pulsed Hot Wire*, COMSOL Conference Stuttgart, 2011.
- Ecin, O., Zhao, R., Hosticka, B.J., Grabmaier, A.: *Thermo-Fluid Dynamic Time-of-Flight Flow Sensor System*, 11th IEEE Sensors Conference, 2012.

1. Einleitung

Die mathematische Modellbildung und numerische Simulation stellen heutzutage in den Bereichen von der Forschung und Entwicklung bis hin zur Produktion in der Industrie kosten- und zeiteffiziente Berechnungsmethoden zu realen Vorgängen zur Verfügung. Ein realer Vorgang sei hierbei eine Naturerscheinung oder ein anthropogenes Ereignis, welches auf den Begriff des Systems abstrahiert wird. Für das physikalische Verständnis und die Verhaltensbeschreibung eines solchen Systems ist seine theoretische Erforschung unabdingbar.

Ein systemtheoretisches Modell beschreibt ein physikalisch-technisches System ausgehend aus der Wirklichkeit gemäß mathematischer Formulierung. Die mathematische Beschreibungsform gibt ein jeweiliges System mit Hilfe von seinen physikalischen Parametern als ein Modell wieder. Diese Systemparameter sind Einflussfaktoren bzw. –größen, die das System hinsichtlich seines physikalischen Zustandes verändern. Ist ein System mittels eines Modells vollständig beschrieben, d.h. das System ist identifiziert, so ist das Verhalten des Systems auf eine beliebige externe Anregung buchstäblich berechenbar. Ein Modell stellt also die Realität in Papierform dar und bietet somit die Möglichkeit, insbesondere kostspielige, zeitaufwendige oder impraktikable Experimente zu ersetzen. Nachdem ein Systemmodell gebildet worden ist, erfolgt eine numerische Computersimulation, in der das einen physikalischen Vorgang beschreibende Modell möglichst wirklichkeitsgetreu nachgespielt bzw. „simuliert" wird. In der Abbildung 1.1 ist das Blockdiagramm einer Modellvalidierung dargestellt, in dem das Modell stets durch einen Vergleich mit dem System angepasst werden kann.

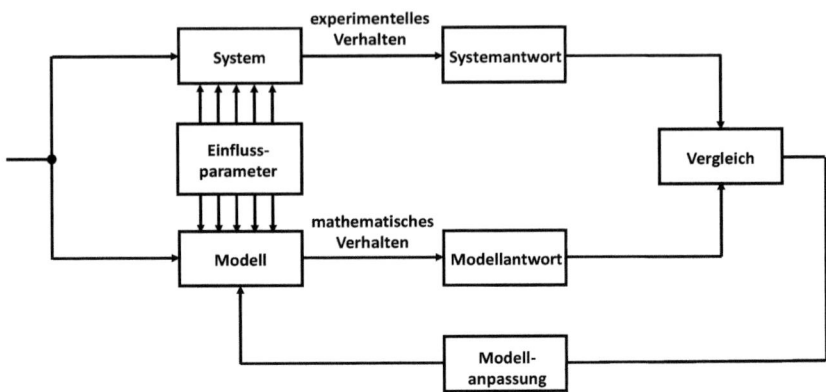

Abbildung 1.1:   Blockdiagramm einer Modellvalidierung [Sch-10].

Der Fokus der Modellbildung und Simulation bezieht sich in dieser Arbeit auf ein elektrisches Sensorsystem basierend auf der Physik der Thermofluiddynamik zur Analyse des Strömungsverhaltens von fließfähigen Stoffen in Rohrleitungen. Diese Art von Sensor wird als thermischer Strömungssensor bezeichnet. Modelle zu thermischen Strömungssensoren sind bereits untersucht worden [Lüd-99], [Har-02], [Adá-04]. Auf die thermische Strömungssensorik und ihre Vorzüge wird im Abschnitt 1.1 näher eingegangen.

Die Überwachung der Strömungsmessung ist zu einem unverzichtbaren Gegenstand in der industriellen Messtechnik geworden, da die Strömung in einem technischen Prozess einen enormen Einfluss auf weitere physikalische Größen wie u.a. Temperatur, Druck, Füllstand und Stoffmenge hat. Die Anwendungsbereiche von Strömungsmessungen sind zahlreich in der Prozesstechnik vertreten. Beispiele hierfür sind in der Chemie, Petrochemie, Medizintechnik, Automotive, Pharmazie, Lebensmittelherstellung, Brauereien, Molkereien, Abwasserbehandlungen sowie in Abfüll- und Dosieranlagen wiederzufinden [Gri-10].

Bei dem Einsatz von Strömungssensoren werden im Allgemeinen Fluide, ruhende oder bewegte Gase und Flüssigkeiten, auf ihr physikalisches bzw. strömungsdynamisches Verhalten hin untersucht. Je nach Anforderung der Strömungsmessung unterscheidet man nach verschiedenen Messverfahren. Das Fluid selbst bzw. die Eigenschaften des Fluids bestimmen in den meisten Fällen die zu anwendende Messmethode. Des Weiteren entscheiden auch

EINLEITUNG

strömungsbedingte Faktoren die Art der Messung, wie z.B. den Messbereich der Strömungsgeschwindigkeit, die Strömungsformen laminar und turbulent und den Durchströmungsquerschnitt. Häufig bezieht man sich bei strömungstechnischen Problemen auf die sogenannte Reynolds-Zahl, die die oben genannten Einflussfaktoren sämtlich beschreibt. Zusätzlich sind der Druck- und Temperaturbereich des Systems, die Messgenauigkeit und die Sensordimensionierung ausschlaggebend für das geeignete Verfahren [Per-09a], [Per-09b]. Folglich umfassen die physikalischen Prinzipien der Strömungsmessung einen sehr großen Bereich. Neben den thermischen bzw. thermodynamischen Verfahren gibt es weiterhin akustische, optische, stochastische, hydrodynamische, elektrodynamische, kernphysikalische, mechanische und korrelative Verfahren zur Strömungsmessung [Ngu-96], [Bec-81], [Fie-92], [She-83].

Zunächst wird im Abschnitt 1.1 das Prinzip der Strömungssensorik basierend auf dem thermischen Verfahren mit seinen Eigenschaften und Anwendungsmöglichkeiten ausgearbeitet. Im Abschnitt 1.2 wird die wissenschaftliche Identität der vorliegenden Arbeit hervorgebracht. Schließlich werden im Abschnitt 1.3 das Konzept und die Gliederung dieser Arbeit beschrieben.

1.1 Thermische Strömungssensorik

Die thermischen Strömungs- und Durchflussmessungen nutzen das kalorimetrische Verfahren, in dem Wärmemengen gemessen werden. Es wird prinzipiell zwischen einem Hitzdraht- und einem Aufheizverfahren differenziert. Bei dem Hitzdrahtverfahren wird ein elektrisch beheizter Hitzdraht mit einem temperaturabhängigen elektrischen Widerstand in eine Fluidströmung eingebracht, der durch die strömungsgeschwindigkeits- und fluidspezifische Wärmeabgabe abgekühlt wird. Die abgegebene Wärmemenge wird durch eine der geometrischen Anordnung entsprechende thermodynamische Kennzahl, die Nußelt-Zahl, beschrieben, die den Wärmeübergang zwischen dem Hitzdraht und dem umströmenden Fluid festlegt. Mittels der Nußelt-Zahl wird eine strömungsdynamische Kennzahl, die Reynolds-Zahl, bestimmt, aus ihr wiederum werden die Strömungsgeschwindigkeit und die Dichte des Fluids ermittelt. Die Messung kann entweder mit einem konstanten Strom durch den Hitzdraht (CCA: Constant-Current Anemometry) oder mit einer konstanten Temperatur (CTA: Constant-Temperature Anemometry) an dem Hitzdraht erfolgen [Lom-86].

Ferner beschreibt das Aufheizverfahren mit einem Heizelement und zwei Temperatursensoren, die in der Entfernung zum Heizelement symmetrisch jeweils davor und dahinter in Strömungsrichtung angeordnet sind, eine zweite Möglichkeit der kalorimetrischen Strömungsmessung. Das Heizelement wird stets konstant geheizt und überträgt bei nichtvorhandener Strömung die gleiche Wärmemenge an beide Temperatursensoren. Die Temperatursensoren messen bei vorhandener Strömung eine Temperaturdifferenz an stromaufwärts und stromabwärts befindlichen Punkten. Die Temperaturdifferenz ist direkt proportional zu der Strömungsgeschwindigkeit [Bon-02].

Die deutlichen Vorteile des kalorimetrischen Verfahrens zeigen sich u.a. in den kleinen Abmessungen, der Robustheit, der einfachen Applikation, der Messung insbesondere turbulenter Strömungen, den geringen Kosten, der simultanen Temperaturerfassung, der hohen Messgenauigkeit von 0,1-0,2 % und der geringen Rauschleistung bzw. dem guten Signal-Rausch-Verhältnis (SNR: Signal-to-Noise Ratio) [Str-74], [Bru-95], [Dur-06].

Dahingegen besteht ein wesentlicher Nachteil dieses thermischen Messprinzips in der Kalibrierung des Sensors gemäß dem zu untersuchenden Fluid. Eine Strömungsgeschwindigkeit kann nur mit Kenntnis des Fluids ermittelt werden. Ein weiterer Nachteil ist die Anfälligkeit für Verschmutzung des Sensors, welche zur Erzeugung von zusätzlichen Messfehlern führt. Über die Jahrzehnte hat sich der thermische Strömungsmesser in der Gasdurchflussmesstechnik etabliert. Forschungsarbeiten zu diesem Messprinzip für die Anwendung an Flüssigkeiten sind bereits durchgeführt worden [Lan-08b], [Ash-98].

Der Forschungsansatz in dieser Arbeit basiert auf einem neuartigen thermischen Prinzip zur Bestimmung einer Strömungsgeschwindigkeit mittels des Laufzeitverfahrens (TOF: Time-of-Flight). In Abbildung 1.2 ist die Idee des thermischen Laufzeitverfahrens (TTOF: Thermal Time-of-Flight) beispielhaft an einer Rohrströmung dargestellt und beschreibt die lokale Erzeugung von einem Wärmepuls über eine Wärmequelle an einem Ort x_q in einem strömenden Fluid. Der injizierte Wärmepuls wird infolgedessen von dem Fluid mit der Strömungsgeschwindigkeit u_x mitgeführt und örtlich stromabwärts nach einer gewissen Pulslaufstrecke Δx bzw. zeitlich nach einer entsprechenden Pulslaufzeit von einer Wärmesenke an einem vorgegebenen Ort x_s erfasst. Die Wärme fungiert hierbei als ein identifizierbares Markierinstrument und ist als eine thermische Energie- und Transportgröße bei dem TTOF-Verfahren die grundlegende Prozessgröße, die auf ein breites Spektrum an Fluiden anwendbar ist.

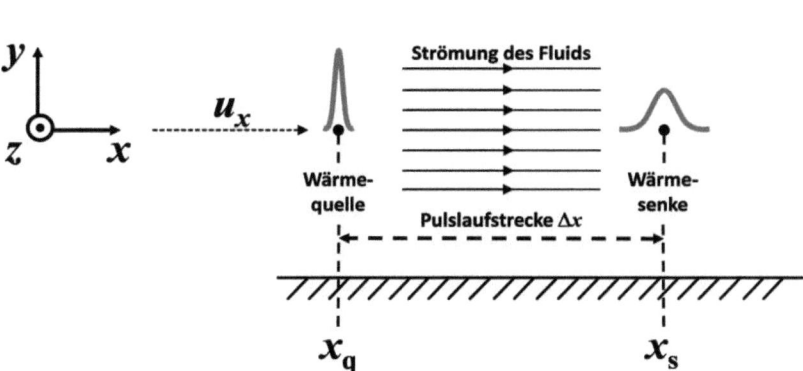

Abbildung 1.2:   *Prinzip des TTOF-Strömungssensors in einer Rohrströmung.*

1.2 Wissenschaftliche Identität der Arbeit

In Hinsicht auf eine zweckmäßige Analyse des Verfahrens wird der TTOF-Strömungssensor als ein dynamisches System modelliert. Eine Identifikation des Systems führt zu einem besseren theoretischen Verständnis der Abhängigkeiten von den signifikanten Systemparametern. Das strömende Fluid selbst sei hier ein entscheidender Parameter. Die Eignung dieses Verfahrens wird in besonderem Maße hinsichtlich der Applikation an unterschiedlichen Fluiden bzw. der Fluidunabhängigkeit untersucht. Dabei werden gezielt die thermofluiddynamischen Signale in Abhängigkeit zum einen von dem Fluid und zum anderen von der Strömungsgeschwindigkeit analysiert. Störende und unvermeidbare physikalische Effekte aus der Strömungsmechanik und Wärmeübertragung, die die thermofluiddynamischen Signale und somit auch das Laufzeitverfahren manipulieren, werden identifiziert und diskutiert. Die Signal- und Systemtheorie stellen hierbei das Fundament für die Findung und Aufbereitung geeigneter Signalformen, die an ein bestimmtes System optimal und sinngemäß adaptiert werden können.

Folgende Systemeigenschaften sind für die Ermittlung der Verfahrensgrenzen ausschlaggebend:

- Fluidunabhängigkeit
- Laminare und/oder turbulente Strömungsform
    → Geschwindigkeitsbereich
- Umströmungsproblematik der Wärmequelle und -senke
- Thermofluiddynamische Einschränkungen
- Systemtheoretische Betrachtung und Modellbildung
    → Bandbreite des Systems
    → Anpassung geeigneter Signalformen und -frequenzen
    → Signalanalyse, -konditionierung und –verarbeitung

1.3 Konzept und Gliederung der Arbeit

Das Konzept dieser Arbeit verfolgt die Erstellung eines adäquaten Modells von dem TTOF-Strömungssensor zur systemtheoretischen Analogie, das elementare Verständnis, sowie die Kenntnis des Systems in Abhängigkeit von Fluidparametern und die Bestimmung einer Strömungsgeschwindigkeit aus den thermofluiddynamischen Laufzeiten für verschiedene Fluide. Diesbezüglich ist die vorliegende Arbeit wie folgt gegliedert:

Eine Einführung in die Grundlagen der Thermofluiddynamik liefert das **Kapitel 2** mit dem Fokus auf der Wärmeübertragung in Rohrströmungen. Des Weiteren wird das Konzept des Sensors basierend auf dem thermofluiddynamischen Laufzeitverfahren (TTOF) vorgestellt.

Die systemtheoretische Betrachtungsweise des Strömungssensors wird in **Kapitel 3** mit einem Einstieg in die kontinuierlichen linearen Systeme behandelt. Anschließend erfolgt die Modellbildung des gesamten Sensorsystems, die in drei Submodelle unterteilt ist. Zunächst wird das Hitzdrahtsystem systemtheoretisch mit den elektrischen, thermodynamischen, strömungsmechanischen und geometrischen Parametern charakterisiert. Das zweite Submodell beschreibt die Vorgänge der Advektion und der Diffusion in der Wärmeströmung aus der Wärmeleitungsgleichung heraus. Die Signalerfassung wird mit dem dritten Submodell vorgestellt. Der Einfluss der Faltungsoperation im Strömungssensorsystem wird erläutert, und die Grenzen des Systems dargestellt.

Im **Kapitel 4** wird zunächst allgemein die Diskretisierung von kontinuierlichen Signalen zur digitalen Weiterverarbeitung vorgestellt. Das zur Laufzeitbestimmung verwendete Korrelationsverfahren sowohl im Zeitbereich als auch im Frequenzbereich wird daraufhin vorgestellt. Schließlich wird das Dekonvolutionsfilter als Mittel zur Laufzeitbestimmung beschrieben.

Stochastische Signaltheorie und ein Rauschmodell des Strömungssensors werden im **Kapitel 5** im Zusammenhang mit den Temperatursensoren beschrieben.

Das **Kapitel 6** widmet sich der experimentellen thermofluiddynamische TOF-Messtechnik, in dem die Messstrecke charakterisiert und die Sensorkonzepte für den Luft- und Wasserversuchsstand vorgestellt werden, sowie der numerischen Simulation von Strömungsmodellen auf Basis der FE-Methode.

Die experimentellen Ergebnisse aus dem Versuchsstand für Luft und Wasser und die simulierten Ergebnisse für Luft, Helium, Wasser und Öl werden in **Kapitel 7** präsentiert. Zunächst wird dabei das analytische Modell des Strömungssensors simuliert und mit den experimentellen Ergebnissen validiert. Zusätzlich erfolgen auch eine Modellvalidierung der numerischen FEM-Simulation mit dem

Experiment und eine Abbildung des numerischen FEM-Modells auf weitere Fluide. Des Weiteren werden die Strömungsgeschwindigkeiten für Luft und Wasser mit Signalverarbeitungsverfahren ermittelt und dargestellt.

Eine Zusammenfassung und ein Ausblick werden in **Kapitel 8** dargestellt.

2. Temperaturlaufzeitbasierter Strömungssensor

Für ein tiefsinniges Verständnis von Strömungsverhalten und Wärmetransportvorgängen sind fundierte Grundkenntnisse zu den beiden Lehren der Strömungsmechanik und der Wärmeübertragung in dieser Arbeit unumgänglich. Einen übergeordneten Terminus für das Zusammenwirken dieser beiden Lehren beschreibt die Thermofluiddynamik. Im Abschnitt 2.1 werden die Grundlagen der Thermofluiddynamik mit den für das TTOF-Verfahren relevanten strömungsmechanischen und thermodynamischen Parametern und Kennzahlen behandelt. Das Sensorkonzept zu dem TTOF-Verfahren wird im Abschnitt 2.2 dargestellt. Schließlich werden im Abschnitt 2.3 weitere Strömungsmessprinzipien mit dem TTOF-Prinzip verglichen.

2.1 Grundlagen der Thermofluiddynamik

In diesem Abschnitt werden zunächst das dynamische Verhalten der Fluide und die Klassifizierung der Fluide hinsichtlich ihrer Fließeigenschaften behandelt. Danach werden die thermofluiddynamischen Parameter und Kennzahlen zu diesem Verfahren vorgestellt. Im Anschluss erfolgen die fundamentalen Gleichungen zu den thermodynamischen und strömungsmechanischen Vorgängen des Verfahrens.

2.1.1 Dynamisches Verhalten viskoser Fluide

Unter dem Begriff Fluid werden mechanisch verformbare Stoffe in den flüssigen und gasförmigen Aggregatzuständen verstanden. Die Fluidstatik beschreibt das Verhalten ruhender Fluide, während die Fluiddynamik das Verhalten bewegter Fluide beschreibt. Die Fluiddynamik lässt sich noch unterteilen in Hydrodynamik und Aerodynamik, die entsprechend die Lehre der strömenden Flüssigkeiten und die Lehre der strömenden Gase beschreiben. Auf die Fluiddynamik und somit auf das mechanische Verhalten von bewegten Fluiden wird in diesem Abschnitt näher eingegangen.

Ideale Fluide sind diejenigen Gase und Flüssigkeiten, die keine Reibungserscheinungen aufweisen, und lediglich in der Theorie einen Platz finden. In der Praxis jedoch unterliegen die Fluide einer ineinander hervorgerufenen Reibung. Diese realen Fluide erzeugen eine reibungsbehaftete Strömung bzw. Bewegung. Bei einem Bewegungsvorgang von reibungsbehafteten, realen Fluiden werden diese grundlegend anhand ihrer Fließfähigkeit klassifiziert und charakterisiert. Die fließfähige Eigenschaft der Fluide wird durch die Kenngröße Viskosität beschrieben. Die Viskosität verhält sich umgekehrt proportional zur Fließfähigkeit und beschreibt im direkten Verhältnis durch die inneren Reibungen die Zähigkeit bzw. die Zähflüssigkeit eines Fluids.

In der Abbildung 2.1 a) ist das Fließverhalten eines realen Fluids zwischen einer ortsfesten und einer bewegten Platte abgebildet. Die Bewegung der oberen Platte wird durch eine tangential gerichtete Schubkraft F_s hervorgerufen. Auf diese Schubkraft F_s wirkt nach der Gleichgewichtsbedingung von Newton eine entgegengesetzte Kraft. Diese entgegengesetzte Kraft ist ebenfalls eine Schubkraft F_r infolge der inneren oder viskosen Reibung der benachbarten Fluidschichten, welche dem Newtonschen Fluidreibungsgesetz folgt [Sig-09]:

$$F_r = \eta \cdot A \cdot \frac{du_x}{dy}, \qquad (2.1)$$

mit der Reibungsfläche A, einem fluidspezifischen und temperaturabhängigen Fließparameter η und einem senkrecht zur Fließrichtung ausbildenden Geschwindigkeitsgradienten du_x/dy. Die Schubspannung τ_s bildet sich aus dem Quotienten der Schubkraft und der Fläche und ist für den Scherungsvorgang zuständig. Unter einem Scherungswinkel γ senkrecht zu den Platten bildet sich eine Strömungsfront, die sich in Strömungsschichten mit unterschiedlichen Geschwindigkeiten fortbewegt. Die Änderung des Scherungswinkels nach der Zeit gibt die Scherwinkelgeschwindigkeit bzw. Scherungsgeschwindigkeit $\dot{\gamma}$ wieder und entspricht dem Geschwindigkeitsgradienten:

$$\dot{\gamma} = \frac{d\gamma}{dt} = \frac{du_x}{dy}. \qquad (2.2)$$

Mit der Gleichung 2.1 lässt sich nun für die Schubspannung als Ursache für die Entstehung einer Scherungsgeschwindigkeit folgende Kausalitätsbeziehung herleiten:

$$\tau_s = \eta \cdot \dot{\gamma}. \tag{2.3}$$

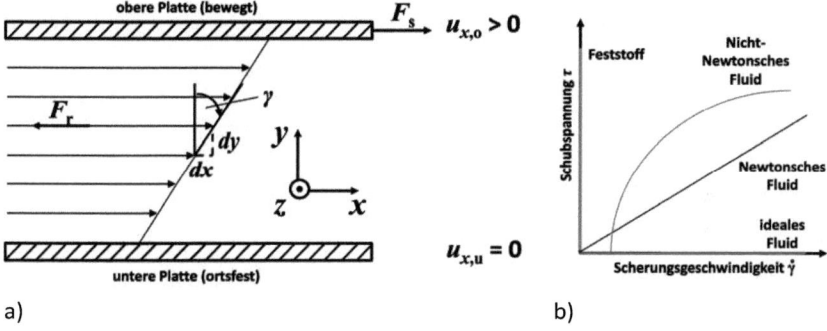

Abbildung 2.1: Scherströmung als Beispiel einer Schichtenströmung zwischen parallelen Platten in (a) und das Schubspannungs-Scherungsgeschwindigkeits-Diagramm in (b) [Spu-07].

Der Fließparameter η ist die dynamische Viskosität des Fluids und ist ein Maß für die inneren Reibungs- bzw. Zähigkeitskräfte. Die Abbildung 2.1 b) zeigt das Schubspannungs-Scherungsgeschwindigkeits-Diagramm für mehrere Fluidklassen. Grundsätzlich wird zwischen Newtonschen und Nicht-Newtonschen Fluiden klassifiziert. Bei den Newtonschen Fluiden liegt eine konstante Viskosität vor, während bei den Nicht-Newtonschen die Viskosität eine Funktion der Scherungsgeschwindigkeit oder der Schubspannung ist. Viele technische relevante Fluide wie u.a. Luft, weitere Gase, Wasser, Öl und Benzin folgen dem Newtonschen Reibungsgesetz und werden primär in dieser Arbeit behandelt [Sch-07].

2.1.2 Thermofluiddynamische Parameter und Kennzahlen

Temperatur, Wärme und Wärmeübertragung

Aus thermodynamischer Sicht sind die Temperatur zusammen mit dem Druck intensive Zustandsgrößen, die den thermischen Zustand eines Systems unabhängig von seiner Masse bzw. Größe beschreiben. Man spricht von einem thermischen Gleichgewicht eines Systems, wenn in diesem System überall dieselbe Temperatur vorherrscht. Zwei Systeme mit unterschiedlichen thermischen Zuständen befinden sich nicht im thermischen Gleichgewicht, und es kommt aufgrund der unterschiedlichen Temperaturen zu einer Übertragung einer thermischen Energie von dem System mit der höheren Temperatur an das System mit der niedrigeren Temperatur (0. Hauptsatz der Thermodynamik). Die Wärme ist hierbei die thermische Energie und wird durch einen Wärmestrom übertragen. Grundsätzlich gibt es drei Wärmeübertragungsarten: Wärmeleitung, Wärmekonvektion und Wärmestrahlung [Her-00]. Für eine stoffgebundene Wärmeübertragung werden Leitung und Konvektion und für eine nichtstoffgebundene Wärmeübertragung wird Strahlung in Betracht gezogen. Die Wärmeleitung oder Wärmediffusion beschreibt mikroskopisch die Wärmeübertragung der einzelnen Fluidmoleküle zueinander. Bei reiner Wärmekonvektion wird eine gewisse Wärmemenge makroskopisch von einem Ort zu einem anderen Ort verlustfrei mitgeführt. In der Praxis treten beide Wärmeübergangsmechanismen stets zusammenhängend in einer Kombination auf. Wärmestrahlung basiert auf der Emission von elektromagnetischer Strahlung ausgehend von einem Sender, ihrem Energietransport und ihrer Absorption an einem Empfänger. Für das thermofluiddynamische Verfahren des TTOF-Strömungssensors wird die Wärmestrahlung vernachlässigt.

Strömungsvorgänge sind stoffgebunden und berücksichtigen sowohl den diffusiven als auch den konvektiven Wärmetransport. Bei der Wärmekonvektion ist nach freier und erzwungener Konvektion je nach dem zu unterscheiden, ob eine natürliche Strömung oder eine durch externe Kräfte verursachte Strömung vorliegt.

<u>Spezifische Wärmeleitfähigkeit</u>

Die spezifische Wärmeleitfähigkeit λ beschreibt den Wärmetransport der stationären Wärmeleitung aus dem eindimensionalen Fourierschen Wärmeleitungsgesetz:

$$q' = -\lambda \cdot \frac{dT}{dx}, \qquad (2.4)$$

mit q' als die Wärmestromdichte.

Temperaturleitfähigkeit

Das dynamische bzw. instationäre Verhalten der zeitlichen und örtlichen Temperaturausbreitung infolge Wärmeleitung wird fluidspezifisch von der Temperaturleitfähigkeit a festgehalten. Die Temperaturleitfähigkeit beschreibt somit die Fähigkeit, wie schnell und in welcher Form sich Temperaturunterschiede in einem System ausgleichen. Bei dieser Betrachtung wird die Wärmeleitung in einem System mit seiner Wärmespeicherung ins Verhältnis gesetzt, und der damit resultierende Zusammenhang für die Temperaturleitfähigkeit lautet:

$$a = \frac{\lambda}{\rho \cdot c_p}, \qquad (2.5)$$

mit λ als die spezifische Wärmeleitfähigkeit, ρ als die Dichte und c_p als die spezifische Wärmekapazität. Diese Stoffgröße beschreibt ausschließlich die Wärmeübertragung durch Leitung bzw. Diffusion.

Dynamische und kinematische Viskosität

Die dynamische Viskosität wurde bereits in dem vorherigen Abschnitt erläutert und soll hier mit der kinematischen Viskosität v verknüpft werden. Mit dem Verhältnis der dynamischen Viskosität und der Dichte des Fluids wird die kinematische Viskosität beschrieben:

$$v = \frac{\eta}{\rho}. \qquad (2.6)$$

Die kinematische Viskosität ist die auf die Dichte bzw. Druck bezogene Größe und ist ein Maß für die spezifische Viskosität. Ihre Einheit wird durch die kinematischen Größen Weg und Zeit dargestellt.

Wärmeübertragungskoeffizient

Zur Beschreibung von Wärmeübergängen an Grenzflächen von einem Festkörper zu einem Fluiden und umgekehrt gilt mit dem Wärmeübergangskoeffizient α als Proportionalitätsfaktor zwischen dem Wärmestrom q an der Grenzfläche und dem Temperaturunterschied ΔT von dem Festkörper und dem Fluid der Zusammenhang:

$$q = \alpha \cdot A \cdot \Delta T, \qquad (2.7)$$

mit A als die wärmeabgebende oder –aufnehmende Grenzfläche. Der Wärmeübergangskoeffizient ist keine konstante Stoffgröße, die nur von den primären Zustandsgrößen abhängt, sondern wird stark durch weitere Faktoren beeinflusst. Die Wärmewechselwirkung an der Festkörper-Fluid-Grenzfläche wird durch die geometrische Anordnung dieser Grenzfläche, die umströmende oder anströmende Geschwindigkeit, das Festkörpermaterial und das Fluid selbst entschieden.

Dimensionslose Kennzahlen der Thermofluiddynamik

Die Ähnlichkeitstheorie beschäftigt sich mit speziellen physikalischen Vorgängen gleicher Art, die unterschiedliche physikalische Parameter aufweisen, jedoch in ihrem Verhalten ähnlich sind. Beispielsweise können zwei oder mehrere Strömungsvorgänge, die sich in der Strömungsgeometrie, dem Fluid und der Geschwindigkeit unterscheiden, trotzdem ähnlich sein, wenn eine diesen Vorgang charakterisierende Kennzahl identisch ist. Eine solche Kennzahl beinhaltet alle relevanten physikalischen Parameter und beschreibt dimensionslos einen Vorgang in kompakter Form. An dieser Stelle sollen die wichtigsten dimensionslosen Kennzahlen aus der Strömungsmechanik und Wärmeübertragung für diese Arbeit vorgestellt werden.

Die Reynolds-Zahl Re, benannt nach dem britischen Physiker Osborne Reynolds, wird hier als die wichtigste dimensionslose Kennzahl zur Beschreibung von Strömungsvorgängen eingeführt. Physikalisch kann sie als ein Maß für das Verhältnis der Trägheitskräfte infolge Massentransports zu den Reibungskräften infolge Impulstransports interpretiert werden und wird mathematisch formuliert durch:

$$\text{Re} = \frac{u_\text{m} \cdot L}{\nu} = \frac{L}{\delta_\text{S}}, \qquad (2.8)$$

wobei u_m die mittlere Strömungsgeschwindigkeit, L eine charakteristische Länge, ν die kinematische Viskosität des Fluids und δ_S die Dicke der Strömungsgrenzschicht darstellen. Bei der Festlegung einer charakteristischen Länge ist grundsätzlich nach einer Umströmungs- oder Durchströmungsproblematik zu differenzieren, zumal die Reynolds-Zahl beide Problematiken strömungstechnisch ausdrücken kann. In gleicher Weise ist die Reynolds-Zahl bei einem durch eine Strömung hervorgerufenem

Wärmetransportvorgang für dessen Beschreibung erforderlich und findet daher ausschließlich in einer erzwungenen Wärmekonvektion Anwendung.

Neben einem konvektiven Transport von Masse und Energie in Strömungsrichtung existiert ein diffusiver Transport von Impuls und Energie quer zur Strömungsrichtung. Das Verhältnis des Impulses zu der Energie des diffusiven Transports wird von dem deutschen Physiker Ludwig Prandtl mit der Einführung seiner Grenzschichttheorie erläutert. Die nach ihm benannte Prandtl-Zahl Pr setzt eine örtliche Strömungsgrenzschicht mit einer Temperaturgrenzschicht, beide jeweils den Bereich des diffusiven Quertransports angebend, an einer Grenzfläche ins Verhältnis:

$$\Pr = \frac{\nu}{a} = \frac{\delta_S}{\delta_T}, \quad (2.9)$$

mit der kinematischen Viskosität ν als Maß für die Dicke der Strömungsgrenzschicht δ_S und der Temperaturleitfähigkeit a als Maß für die Dicke der Temperaturgrenzschicht δ_T. Die Dicke der Grenzschichten ist abhängig von der Strömungsgeschwindigkeit, und die Prandtl-Zahl selbst stellt eine temperaturabhängige Stoffkennzahl dar.

Mit der Nußelt-Zahl Nu wird der Wärmeübergang analog zum Wärmeübertragungskoeffizienten α in dimensionsloser Form nach dem deutschen Physiker Wilhelm Nußelt beschrieben. Hinter einer hohen Nußelt-Zahl steckt ebenfalls ein hoher Anteil an Wärmekonvektion, welche wiederum auf eine dementsprechende Strömung und somit zu einer Abhängigkeit der Reynolds-Zahl zurückzuführen ist. Das Verhältnis eines konvektiven Wärmestroms zu einem diffusiven Wärmestrom an einer Grenzfläche beschreibt die Nußelt-Zahl wie folgt:

$$\text{Nu} = \frac{\alpha \cdot L}{\lambda}. \quad (2.10)$$

Je nach Strömungsform und Wärmetransport existieren zur Ermittlung der Nußelt-Zahl unterschiedliche Berechnungsverfahren, die mit Hilfe von sogenannten Nußelt-Korrelationen durchgeführt werden. Eine Berechnungsmethode der Nußelt-Zahl für das temperaturlaufzeitbasierte Messprinzip wird im Abschnitt 3.3.2 präsentiert.

Den reinen Energietransport betreffend stellt die Peclét-Zahl Pe nach dem französischen Physiker Jean Claude Eugène Peclét die Beziehung zwischen

Wärmekonvektion und Wärmediffusion in Analogie zum reinen Impulstransport durch die Reynolds-Zahl in der Form auf:

$$\text{Pe} = \frac{u_m \cdot L}{a} = \frac{L}{\delta_T} = \text{Re} \cdot \text{Pr} . \qquad (2.11)$$

Die Tabelle 2.1 zeigt eine Übersicht der für das TTOF-Verfahren ausschlaggebenden dimensionslosen Kennzahlen aus der Thermofluiddynamik mit ihren Definitionen, Bedeutungen und Anwendungen.

Tabelle 2.1   Übersicht der dimensionslosen Kennzahlen [Mar-07].

Kennzahl	Definition	Bedeutung	Anwendung
Reynolds-Zahl	$\text{Re} = \dfrac{u_m \cdot L}{\nu}$	Trägheitskräfte/ Reibungskräfte	erzwungene Konvektion
Prandtl-Zahl	$\text{Pr} = \dfrac{\nu}{a}$	diffusiver Impulstransport/ diffusiver Energietransport	Stoffkennzahl
Nußelt-Zahl	$\text{Nu} = \dfrac{\alpha \cdot L}{\lambda}$	konvektiver Wärmestrom/ diffusiver Wärmestrom	konvektiver Wärmeübergang
Peclét-Zahl	$\text{Pe} = \text{Re} \cdot \text{Pr}$	konvektiver Energietransport/ diffusiver Energietransport	erzwungene Konvektion

2.1.3 Fluidik in Rohrströmungssystemen

In diesem Abschnitt werden Strömungen in Rohren mit einem sich nichtverändernden Kreisquerschnitt betrachtet und hinsichtlich ihres strömungsdynamischen Verhaltens beschrieben. Die nachfolgenden Betrachtungen gelten für reale inkompressible Fluide bei stationären, reibungsbehafteten und laminaren Strömungen in Rohren. Bei kompressiblen

Strömungsvorgängen wie an Luft können die Druckveränderungen bei Strömungsgeschwindigkeiten bis zu 50 m/s vernachlässigt werden, und folglich kann dieser Strömungsvorgang als inkompressibel betrachtet werden [Oer-08].

Das Geschwindigkeitsverhalten in Rohrströmungen wird von der Bewegungslehre aus der mechanischen Physik abgeleitet und als die Fluiddynamik verstanden. Als Ausgangspunkt für die Bewegungsgleichungen in der Fluiddynamik ist das zweite Kraftgesetz von Newton, welches den Zusammenhang einer zeitlichen Bewegungs- und somit Impulsänderung p mit einer auf das Fluid einwirkenden Gesamtkraft F darstellt:

$$\frac{dp}{dt} = F \ . \tag{2.12}$$

Anhand eines zylinderförmigen Fluidvolumenelements in der Abbildung 2.2 wird mittels des Newtonschen Kraftgesetzes aus Gleichung (2.12) eine Kräftebilanz bezogen auf eine Fläche aufgestellt. Die Kraftbeiträge setzen sich aus einer Volumenkraft und zwei Typen von Oberflächenkräften zusammen. Die Volumenkraft entspricht der Gewichtskraft der Fluidmasse. Der eine Typ Oberflächenkraft $F_{\Delta p}$ beschreibt bei reibungsfreier Strömung die Normalspannung senkrecht zu einer Fläche. Diese Normalspannung ist die Druckspannung, die sowohl in positiver Strömungsrichtung p_1 als auch in negativer Strömungsrichtung p_2 wirkt. Der andere Typ Oberflächenkraft F_r beschreibt bei reibungsbehafteter Strömung die Schubspannung infolge Reibung in Abhängigkeit des Rohrradius $\tau_s(r)$ tangential zu einer Fläche. Aus dieser Kräftebilanz erfolgt der Impulserhaltungssatz für reibungsbehaftete Strömungen mit der Navier-Stokes-Gleichung nach dem französischen Mathematiker und Physiker Claude Louis Marie Henri Navier und dem irischen Mathematiker und Physiker Sir George Gabriel Stokes:

$$\rho\left[\frac{\partial u}{\partial t} + (u \cdot \nabla)u\right] = -\nabla p + \eta \nabla^2 u + \rho g, \tag{2.13}$$

mit p als der Druck, g als die Erdbeschleunigung und u als die Geschwindigkeit.

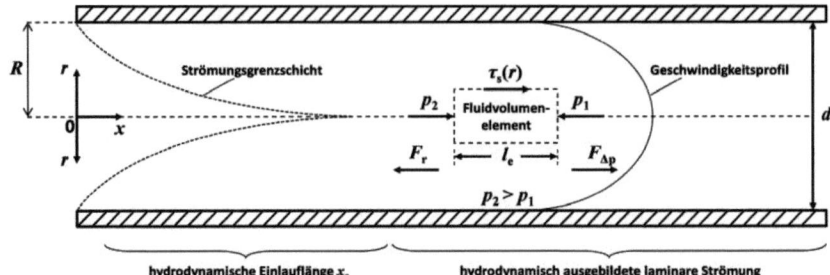

Abbildung 2.2: Darstellung des Geschwindigkeitsprofils im ausgebildeten Bereich hervorgerufen durch die Grenzschichten im Einlaufbereich in einem durchströmten Rohr [Pol-09].

Es handelt sich hierbei um eine nichtlineare partielle Differentialgleichung zweiter Ordnung, die analytisch für drei Dimensionen nur mit erheblichem Aufwand zu lösen ist. Die Finite-Elemente-Methode (FEM) ist als ein numerisches Verfahren für die Lösung von solchen Differentialgleichungen geeignet. Das Arbeiten mit der FE-Methode wird im Abschnitt 6 beschrieben.

Für reibungsfreie Strömungen wird die Gleichung (2.13) unter Berücksichtigung nichtviskoser idealer Fluide reduziert zu der Kontinuitätsgleichung (Euler-Gleichung nach dem Mathematiker Leonhard Euler), die den Massenerhaltungssatz definiert:

$$\frac{\partial \rho}{\partial t} + \nabla(\rho \cdot u) = 0 \,. \tag{2.14}$$

Eine voll ausgebildete laminare Strömung, bei der sich das Geschwindigkeitsprofil nicht mehr verändert, ist erst nach einer gewissen Einlaufstrecke vorhanden, die über die hydrodynamische Einlauflänge x_e definiert wird. Nach [Bae-10], [Mer-87] und [Pol-09] ergibt sie sich zu:

$$x_e \approx 0{,}056 \cdot \mathrm{Re} \cdot d \,. \tag{2.15}$$

mit d als dem Rohrdurchmesser. Zur Ermittlung eines konstanten Geschwindigkeitsprofils über den Rohrquerschnitt, d.h. bei Vorhandensein einer hydrodynamisch ausgebildeten laminaren Strömung, wird ausgehend von der Navier-Stokes-Gleichung (2.13) eine Kräftebilanz aufgestellt, die lediglich die Reibungskraft und die Druckkraft berücksichtigt, da der Term zu der Beschleunigung für eine stationäre Strömung entfällt und die Schwerkraft außer Acht gelassen werden kann [Ber-98]. Aus dem Kräftegleichgewicht zwischen dem Druck und der Reibung wird das Geschwindigkeitsprofil $u_x(r)$ wie folgt bestimmt:

$$\pi \cdot r^2 \cdot p_2 - \pi \cdot r^2 \cdot p_1 = -\tau(r) \cdot 2 \cdot \pi \cdot r \cdot l_e, \qquad (2.16)$$

wobei $2 \cdot \pi \cdot r \cdot l_e$ die Mantelfläche des zylinderförmigen Fluidvolumenelementes ist, und mit dem Newtonschen Ansatz aus den Gleichungen (2.2) und (2.3) und der Druckdifferenz $\Delta p = p_2 - p_1$ erhält man eine Differentialgleichung für $u_x(r)$:

$$-\frac{\Delta p \cdot r}{2 \cdot \eta \cdot l_e} = \frac{du_x(r)}{dr}. \qquad (2.17)$$

Unter der Annahme einer konstanten Viskosität und der Haftbedingung $u_x(r = R) = 0$ ergibt ihre Integration von r bis R das spezielle Geschwindigkeitsprofil über:

$$-\frac{\Delta p}{2 \cdot \eta \cdot l_e} \cdot \int_r^R r \cdot dr = u_x(R) - u_x(r) \Rightarrow u_x(r) = \frac{\Delta p \cdot R^2}{4 \cdot \eta \cdot l_e} \cdot \left[1 - \left(\frac{r}{R}\right)^2\right]. \qquad (2.18)$$

Für die Geschwindigkeit über den Rohrquerschnitt stellt sich für eine laminare Strömung ein parabolisches Profil nach dem Gesetz von Hagen-Poiseuille aus Gleichung (2.17) ein. Die mittlere Geschwindigkeit $u_{x,m}$ erhält man durch Integration des speziellen Geschwindigkeitsprofils über den Rohrquerschnitt:

$$u_{x,m} = \frac{\Delta p \cdot R^2}{8 \cdot \eta \cdot l_e}, \qquad (2.19)$$

und das spezielle Geschwindigkeitsprofil wird zu:

$$u_x(r) = 2 \cdot u_{x,m} \cdot \left[1 - \left(\frac{r}{R}\right)^2\right]. \qquad (2.20)$$

Die maximal erreichbare Strömungsgeschwindigkeit $u_{x,\max}$ an der Stelle $r = 0$ ist das Doppelte der mittleren Geschwindigkeit. Um den Durchfluss in einem Rohr zu bestimmen, ist die Durchflussmenge pro Zeit erforderlich. Unter einer Menge kann sowohl das Volumen als auch die Masse des Fluids verstanden werden. Der Volumenstrom $\dot{V}$ ist das je Zeiteinheit fließende Volumen und ergibt sich aus der mittleren Strömungsgeschwindigkeit $u_{x,m}$ und der Querschnittsfläche A:

$$\dot{V} = u_{x,m} \cdot A. \qquad (2.21)$$

Dementsprechend folgt für den Massenstrom $\dot{m}$ aus dem Volumenstrom V und der Dichte ρ des Fluids:

$$\dot{m} = \rho \cdot \dot{V}.\qquad(2.22)$$

Der TTOF-Strömungssensor misst erstrangig eine Strömungsgeschwindigkeit. Über die Strömungsgeschwindigkeit und die Rohrquerschnittsfläche kann ein Volumenstrom ermittelt werden. Der Massenstrom kann nur mit der Kenntnis des Fluids über die Dichte bestimmt werden.

2.1.4 Grundgleichungen der Wärmeübertragung

Neben den bis jetzt aus der Thermodynamik erwähnten zwei Erhaltungssätzen des Impulses in Gleichung (2.13) und der Masse in Gleichung (2.14) gibt es noch einen dritten Erhaltungssatz zu der thermischen Energie, der in diesem Abschnitt erläutert wird. Zur Beschreibung der Energieerhaltung werden der diffusive und der konvektive Energietransport berücksichtigt [Web-99].

Die Berechnung des molekularen Wärmetransports durch Leitung erfolgt mit dem Fourierschen Wärmeleitungsgesetz [Bae-10]:

$$q' = -\lambda \cdot \operatorname{grad} T,\qquad(2.23)$$

mit q' als die Wärmestromdichte, λ als die spezifische Wärmeleitfähigkeit des Fluids und dem Temperaturgradienten. Zur Bestimmung des Temperaturfeldes in zeitlicher und räumlicher Abhängigkeit wird eine Wärmeleitungsgleichung über die Energiebilanzgleichung aus dem ersten Hauptsatz der Thermodynamik hergeleitet:

$$\rho \cdot c_p \cdot \frac{\partial T}{\partial t} = -\operatorname{div} q' + q'.\qquad(2.24)$$

Und mit der Substitution des Fourierschen Wärmeleitungsgesetzes ergibt sich:

$$\frac{\partial T}{\partial t} = \frac{1}{\rho \cdot c_p} \operatorname{div}(\lambda \cdot \operatorname{grad} T) + \frac{q'}{\rho \cdot c_p} = a\nabla^2 T + \frac{q'}{\rho \cdot c_p}.\qquad(2.25)$$

Bei Vernachlässigung von Wärmequellen wird $q' = 0$, und das Temperaturfeld in einem ruhenden homogenen Fluid wird als Funktion der Zeit und des Ortes beschrieben durch:

$$\frac{\partial T}{\partial t} = a \cdot \nabla^2 T.\qquad(2.26)$$

Gleichung (2.26) stellt die Wärmeleitungsgleichung oder Diffusionsgleichung mit der Temperatur-leitfähigkeit a als den Diffusionskoeffizienten dar. Um nun auch bewegte Fluide in einer Gleichung zu beschreiben, wird ein Term benötigt, der die erzwungene Wärmekonvektion zum Ausdruck bringt. Die gerichtete Mitführung von Wärme in einem Fluid durch erzwungene Konvektion wird Advektion genannt.

Die reine Advektionsgleichung erhält man über das totale Differential der Temperatur $T(t,x,y,z)$:

$$\frac{dT}{dt} = \frac{\partial T}{\partial t} + u\nabla T \ . \tag{2.27}$$

Damit ist der rein konvektive Wärmetransportvorgang für eine konstante Temperatur durch eine Strömung mit der Geschwindigkeit u vorgegeben. Die Advektion-Diffusion-Gleichung ergibt sich durch das Gleichsetzen der Gleichungen (2.26) und (2.27):

$$\frac{\partial T}{\partial t} + u\nabla T = a \cdot \nabla^2 T \ , \tag{2.28}$$

und beschreibt den zeitlichen und örtlichen Verlauf der Temperatur in einem bewegten Fluid infolge der Temperaturausbreitung durch die Wärmeleitung und der Temperaturmitführung durch die Wärmekonvektion.

Die Lösung der Advektions-Diffusions-Gleichung drückt ein zeitliches Temperatursignal für ein beliebiges Fluid an einem definierten Ort und bei einer definierten Strömungsgeschwindigkeit aus und wird im Abschnitt 3.4.1 zur Modellbildung verwendet.

2.2 Sensorkonzept

Das Sensorkonzept des thermofluiddynamischen Laufzeitverfahrens wird in diesem Abschnitt vorgestellt. In der Abbildung 2.3 ist der TTOF-Strömungssensor in ein durchströmtes Rohr eingebracht. Es ist vorausgesetzt, dass noch vor dem Bereich der Strömungsmessung ein sich vollständig ausgebildetes Geschwindigkeitsprofil gemäß Abbildung 2.2 eingestellt hat. Der Hitzdraht ist ein wesentlicher Bestandteil des Sensorkonzeptes für die Wärmeaufgabe an das vorbeiströmende Fluid. Die Temperaturfühler können beliebig im Rohr entlang einer Strömungslinie positioniert werden.

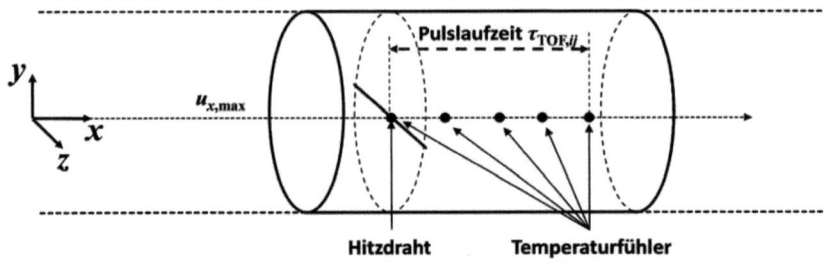

Abbildung 2.3: TTOF-Strömungssensor bestehend aus einem Hitzdraht und mindestens einem oder mehreren Temperaturfühlern stromabwärts [Eng-10].

Das Konzept sieht stets einen Temperaturfühler am Hitzdraht selbst und einen oder mehrere stromabwärts in der messrelevanten Fluidschicht vor. Zur Ermittlung der maximalen Rohrströmungsgeschwindigkeit bei einer laminaren Strömungsform wird der Wärmepuls in die temporeichste Fluidschicht durch den Hitzdraht injiziert. Die thermische Energie bleibt in dieser Fluidschicht erhalten und wird entsprechend ihrer Propagationsgeschwindigkeit mitgeführt und stromabwärts nach einer vordefinierten Pulslaufstrecke oder mehreren Pulslaufstrecken aufgenommen. Die Anzahl der stromabwärts befindlichen Temperaturfühler korreliert mit der maximal erreichbaren Anzahl an Laufzeitmessungen mit Hilfe der geometrischen Folge:

$$\sum_{\tau_{ij}=1}^{k} \tau_{\text{TOF},ij} = \frac{k(k+1)}{2}, \qquad (2.29)$$

mit k als die Anzahl der stromabwärts befindlichen Messstellen und $\tau_{TOF,ij}$ als die Laufzeitmessungen des Wärmepulses. Die Indizes i und j definieren jeweils die Anfangs- und Endpunkte der Pulslaufstrecke mit $i = [0, k]$ und $j = [1, k]$.

Durch die variablen und etlichen Pulslaufstrecken bzw. Pulslaufzeiten bietet das Sensorkonzept zum einen die Möglichkeit einer vielfältigen Auswerteanalyse und zum anderen zu hohen Strömungsgeschwindigkeiten hin dennoch eine Erfassung von den entsprechend schnelleren Wärmepulsen. Der Generaleinsatz des Sensors an unterschiedlichen Fluiden ist hierbei ebenfalls zu berücksichtigen. Dadurch legt die Dimensionierung der Sensormessstrecke im Allgemeinen die im Abschnitt 1.2 festgelegten Verfahrensgrenzen des Messsystems fest. Weitere Verfahrensparameter wie die Abtastfrequenz der

Sensoren und die Temperatursignalfrequenz sind ausschlaggebend für das TTOF-Messprinzip und in gleicher Weise für seine messtechnischen Grenzen.

Die Abbildung 2.4 veranschaulicht das ideale Laufzeitverhalten mittels des Zeit-Geschwindigkeit-Gesetzes für vier verschiedene Pulslaufdistanzen. Die Laufzeiten geraten mit kürzer werdenden Pulslaufstrecken und mit zunehmender Strömungsgeschwindigkeit rapide in den Millisekunden-Bereich. Aus Gleichung (2.28) lässt sich die Laufzeit unter Vernachlässigung der Diffusion ($a = 0$) als Ursache der reinen Advektion für den eindimensionalen Fall in x-Richtung formulieren:

$$\frac{\partial T}{\partial t} + u_x \frac{\partial T}{\partial x} = 0. \tag{2.30}$$

Die allgemeine Lösung ist dann:

$$T(x,t) = T_0 \cdot \delta(x - u_x \cdot t), \tag{2.31}$$

wobei die Temperatur T_0 zum Zeitpunkt $t = 0$ mit $T(x,0) = T_0 \cdot x$ vorherrscht und durch die Advektion mitgeführt wird. Somit kann die Laufzeit τ_{TOF} über die Laufstrecke Δx der Temperatur T_0 definiert werden:

$$\Delta x = u_x \cdot \tau_{TOF} \Leftrightarrow \tau_{TOF} = \frac{\Delta x}{u_x}. \tag{2.32}$$

Daraus ergibt sich die Änderung der Laufzeit in Abhängigkeit der Strömungsgeschwindigkeit für verschiedene Laufstrecken Δx_{ij}:

$$\frac{d\tau_{TOF}}{du_x} = -\frac{1}{u_x^2} \cdot \Delta x_{ij}. \tag{2.33}$$

Der Laufzeitgradient $d\tau_{TOF}/du_x$ konvergiert mit quadratisch ansteigender Strömungsgeschwindigkeit gegen Null und befindet sich bereits bei einer Strömungsgeschwindigkeit von 2 m/s im Bereich einiger hundert Mikrosekunden. Dieser Aspekt erfordert ein hohes Maß an zeitlichem Auflösungsvermögen des Signalerfassungs- und Signalauswertesystem zur Berechnung einer Wärmepulslaufzeit.

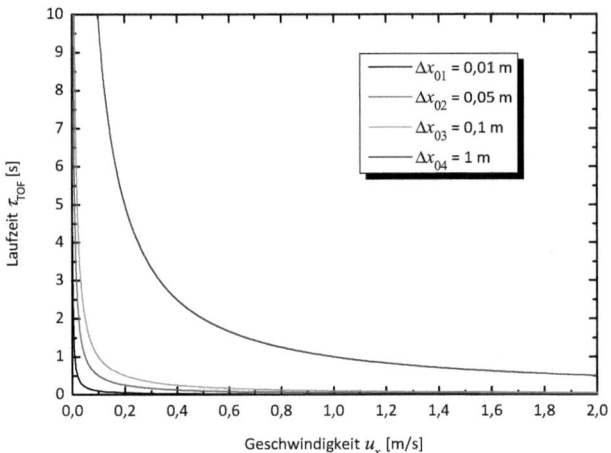

Abbildung 2.4:   Zeit-Geschwindigkeit-Gesetz des TTOF-Strömungssensors.

Eine analoge Anordnung der Temperaturfühler in entgegengesetzter Richtung symmetrisch zum Hitzdraht bringt zusätzlich zur Geschwindigkeitsmessung einen Aufschluss über die Fließrichtung des Fluids in einem Rohrsystem. Auf die Untersuchungen dieser ergänzenden Eigenschaft wird in dieser Arbeit nicht näher eingegangen.

2.3 Vergleich zu weiteren Strömungsmessprinzipien

Das in dem vorherigen Abschnitt beschriebene und auf der thermofluiddynamischen Grundlage basierende Sensorkonzept wird in diesem Abschnitt zu anderen Durchflusstechniken gegenübergestellt. Einige der wichtigsten Kriterien für die Findung eines dem Bedarf entsprechenden Durchflusssensors sind in Tabelle 2.2 dargestellt. Insbesondere werden hier der Aggregatzustand des Fluids, der Geschwindigkeitsbereich der Strömung, verschiedene Rohrdurchmesser, die Messgenauigkeit und die Messspanne in Betracht gezogen. Es ist in der Durchflussmesstechnik sehr schwierig einen „Alleskönner" ausfindig zu machen, da die Anforderungen an die Durchflussmessung vielseitig sein können. Beispielsweise zeigt der Volumenzähler insgesamt ein zufriedenstellendes Fazit. Bei der Messspanne hat er allerdings im Vergleich zu den beiden Ultraschallverfahren und dem Magnetisch-Induktivem Verfahren das Nachsehen. Inwieweit das neuartige thermofluiddynamische Laufzeitverfahren hinsichtlich dieser Kriterien zu einem guten Ergebnis gelangt, soll u.a. ein Gegenstand dieser Arbeit sein.

Tabelle 2.2   Übersicht der verschiedenen Durchflussmessverfahren [Bon-02].

Messprinzip	Flüssigkeiten	Gase	kleine Re-Zahlen 10^1-10^4	Rohr-Ø DN 2-25	Rohr-Ø DN 200-2500	Messgenauigkeit in % vom Endwert	Messspanne
Magnetisch-Induktiv	gut geeignet	nicht geeignet	gut geeignet	gut geeignet	gut geeignet	0,25-1,0	100/1
Differenz-Druck	gut geeignet	gut geeignet	geeignet	geeignet	gut geeignet	0,5-1,0	7/1
Wirbelzähler	gut geeignet	gut geeignet	nicht geeignet	nicht geeignet	nicht geeignet	0,25-0,5	7/1
Ultraschall Laufzeit	gut geeignet	nicht geeignet	nicht geeignet	nicht geeignet	gut geeignet	0,5-1,0	20/1
Ultraschall Doppler	gut geeignet	nicht geeignet	nicht geeignet	nicht geeignet	gut geeignet	2,0-3,0	20/1
Volumenzähler	gut geeignet	gut geeignet	gut geeignet	geeignet	möglich	0,2-0,5	10/1

3. Systemtheorie zu der TTOF-Messtechnik

Nach der Einführung der thermofluiddynamischen Parameter und Kennzahlen in dem vorherigen Abschnitt ist die Anwendung dieser Kenngrößen auf die systemtheoretische Modellbildung des TTOF-Strömungssensors als ein lineares zeitinvariantes System (LZI-System) Gegenstand in diesem Abschnitt. Dem Sensorsystem wird eine zeitkontinuierliche und dynamische Modellierung zugeordnet, wobei ausschließlich deterministische Signale zur Systemanregung, -beschreibung und -antwort behandelt werden. Die Untersuchungen zu stochastischen Prozessen in dem Sensorsystem werden im Abschnitt 5 diskutiert. Ausgehend von Differentialgleichungen wird in analytischer Form das Sensorsystem physikalisch modelliert. Der Sensor wird in drei Bereiche aufgeteilt und zu entsprechend drei unabhängigen Subsystemen deklariert.

Zunächst beinhaltet der Abschnitt 3.1 die signaltheoretischen Überlegungen zum einen zur Findung geeigneter Signalformen als mögliche Erregerfunktionen des Systems für eine adäquate Laufzeitbestimmung und zum anderen zur Anwendung in der systemtheoretischen Modellbildung. Bei der Modellbildung werden im Abschnitt 3.2 die allgemeine Beschreibungsform linearer Systeme und ihre spezifische Beschreibung auf den TTOF-Strömungssensor eingeführt. Die systemtheoretische Modellbildung des TTOF-Strömungssensors als ganzheitliches System erfolgt in den Abschnitten 3.3, 3.4 und 3.5 durch die Unterteilung in drei Subsysteme der Wärmeerzeugung am Hitzdraht, der Wärmemitführung in dem Fluidgebiet und der Wärmeerfassung an dem Temperatursensor sowie mit der jeweiligen Charakterisierung ihrer Impulsantworten. Anschließend wird im Abschnitt 3.6 die Faltung der Impulsantworten behandelt. Schließlich werden im Abschnitt 3.7 die Grenzen des TTOF-Messsystems beschrieben.

3.1 ANREGUNGSSIGNALE DES TTOF-SYSTEMS

Der vorliegende Abschnitt widmet sich den für das mathematische TTOF-Prinzip relevanten Signalen. Dabei wird zwischen elektrischen und thermischen Signalen differenziert. Das TTOF-System wird grundsätzlich durch die Hitzdrahtmethode mit einem elektrischen Signal erregt und transformiert dieses in ein thermisches Signal. In dem Hitzdrahtsystem erfährt das Signal eine Beeinflussung sowohl durch die Wärme als auch durch die Strömung. Infolgedessen gibt das System ein thermofluiddynamisches Signal am Ausgang aus, welches von dem Fluid mit seinen thermodynamischen Eigenschaften und von der Strömungsgeschwindigkeit abhängt.

Ein Auswahlkriterium für geeignete Signale als Erregerfunktionen ist die Bandbreite des Systems, die wesentlich nach den Eigenschaften des Fluids und nach der Strömungsgeschwindigkeit variiert. Zunächst ist für eine korrekte Signaladaption an das System die Kenntnis des Systems erforderlich. Im Folgenden werden die Signale in ihrer mathematischen Beschreibungsform zeitkontinuierlich dargestellt.

Die Delta-Distribution (auch Delta-Funktion, Dirac-Stoß, Dirac-Impuls genannt) ist ein Testsignal zur Beschreibung von Systemen und stellt eine Funktion dar, deren Integralwert eins ergibt. Die Definition der Delta-Distribution und ihres Integrals lauten:

$$\delta(t) = \begin{cases} \infty, & t = 0 \\ 0, & t \neq 0 \end{cases} \quad \text{und} \quad \int_{-\infty}^{+\infty} \delta(t)dt = 1. \tag{3.1}$$

In der Abbildung 3.1 a) ist die Delta-Distribution dargestellt. Die Delta-Distribution dient bei der Modellbildung zur Identifikation und Beschreibung sowohl der einzelnen Subsysteme als auch des Gesamtsystems. Eine weitere Funktion, die mit der Delta-Distribution verwandt ist, steht der Systembeschreibung zur Verfügung. Es handelt sich um die Rechteckfunktion in Abbildung 3.1 b). Der Rechteckpuls ist ein zeitbegrenztes Signal mit einer Dauer oder Pulsbreite T_p:

$$\text{rect}(t) = \begin{cases} \dfrac{1}{T_p}, & |t| \leq \dfrac{T_p}{2} \\ 0, & |t| > \dfrac{T_p}{2}. \end{cases} \tag{3.2}$$

Mit geringer werdender Dauer T_p des Rechteckpulses wird der Dirac-Impuls nachgebildet. Für $T_p \rightarrow 0$ ist die Rechteckfunktion bei einem gleichbleibenden Flächeninhalt der Dirac-Distribution gleichzusetzen. In der praktischen Anwendung wird der Dirac-Impuls durch einen Rechteckimpuls ersetzt. Die Sprungantwort des Systems gibt Aufschluss über das dynamische Verhalten, welches eng mit der Strömungsgeschwindigkeit und mit den Fluideigenschaften in Zusammenhang gebracht wird. Aus diesem Grunde ist der Einsatz einer Rechteckfunktion für eine dynamische Analyse hinsichtlich eines ansteigenden und eines absteigenden Sprungverhaltens zweckmäßig.

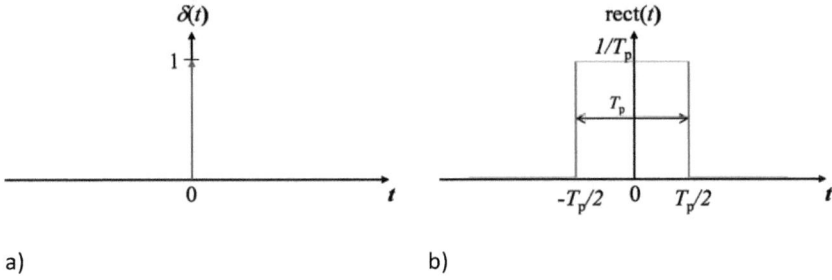

a) b)

Abbildung 3.1: *Dirac-Distribution zur Systemidentifikation in a) und Rechteckimpuls zur praktischen Anwendung als angenäherter Dirac-Impuls in b).*

Die mathematische Beschreibung der physikalischen Wärme- und Strömungsvorgänge erfolgt durch Differentialgleichungen. In den Lösungen dieser Differentialgleichungen sind hauptsächlich Exponentialfunktionen implementiert. Der zeitliche Vorgang eines Zerfalls wie beispielsweise bei einer Wärmeabgabe soll mit einer abklingenden Exponentialfunktion in Abbildung 3.2 a) beschrieben werden. Die Funktion hat die Form:

$$f(t) = A \cdot e^{-\frac{t}{T}}, \tag{3.3}$$

wobei A die Amplitude und T die Zeitkonstante der Funktion beschreiben. Der Ausdruck $-1/T$ ist bekannt als der Dämpfungsfaktor und beschränkt sich hier wegen des Minuszeichens auf ein abklingendes Verhalten. Eine weitere Funktion ist die Gauß-Funktion, welche in Abbildung 3.2 b) dargestellt ist, in der Form:

$$g(t) = \frac{1}{\sigma \cdot \sqrt{2 \cdot \pi}} \cdot e^{-\frac{t^2}{2 \cdot \sigma^2}}, \tag{3.4}$$

mit σ als die Standardabweichung, die die Halbwertsbreite des Gauß-Impulses und hierbei die Fähigkeit der Wärmeausbreitung eines bestimmten Fluids bestimmt. Die Gauß-Funktion findet in erster Näherung zur Formulierung der örtlichen und zeitlichen Wärmeverteilung Anwendung.

Zwecks einer einfacheren mathematischen Handhabung des zeitlichen Temperaturverlaufs im Strömungsvorgang des Fluidgebietes wird die Fundamentallösung der Wärmeleitungsgleichung mit einem Gauß-Puls im Abschnitt 3.6 approximiert.

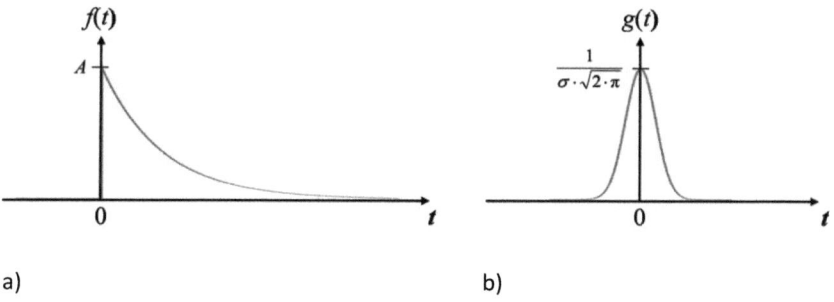

a)　　　　　　　　　　　　　　　　　b)

Abbildung 3.2:　Rechtsseitig abklingende Exponentialfunktion in a) und Gauß-Impuls in b).

Weitere Möglichkeiten der Signalformen als Testsignale zur Erregung des Systems bieten Sinusfunktionen und Pseudonoise-Codes (PN-Code). Die Sinusfunktion wird in Abbildung 3.3 a) gezeigt und erfährt in einem linearen System eine durch das System vorgeschriebene Amplituden- und Phasenveränderung bei gleichbleibender Frequenz:

$$x(t) = A \cdot \sin(\omega_0 t). \tag{3.5}$$

Bei der Sinusschwingung sind die Amplitude und Phase in Abhängigkeit der Strömungsgeschwindigkeit und des Fluids zu untersuchen. In Abbildung 3.3 b) wird eine mögliche Form eines PN-Codes gezeigt.

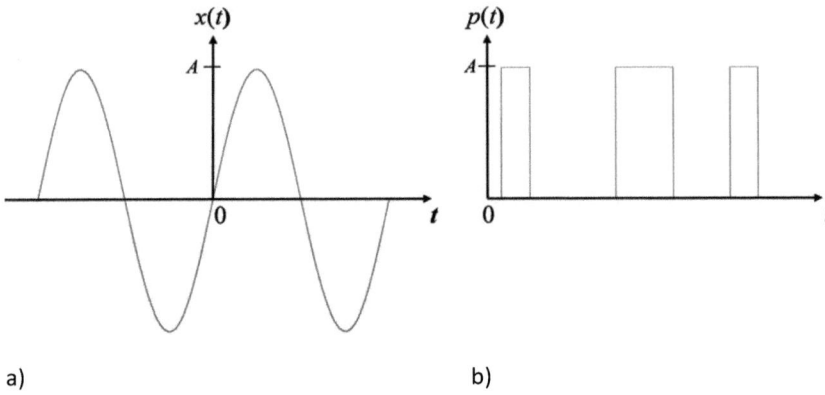

Abbildung 3.3: Beispiel einer Sinusfunktion in a) und einer PN-Codefolge in b) als Erregerfunktionen des TTOF-Sensorsystems.

Die Adaption von PN-Codes an ein Übertragungssystem ist insbesondere in der Nachrichtentechnik sehr häufig vorzufinden. Eine besondere Eigenschaft von PN-Codes ist, dass sie markante Auto- bzw. Kreuzkorrelationsfunktionen aufweisen. Diesbezüglich zeigen sie ideale Merkmale für eine Laufzeitbestimmung und können zur Bestimmung der Strömungsgeschwindigkeit verwendet werden.

3.2 LINEARE SYSTEME

Die Systemtheorie stellt sowohl zur Beschreibung und Untersuchung von Systemen als auch für die Beziehung zwischen den mitwirkenden Größen und Funktionen mathematische Werkzeuge zur Verfügung. Lineare Systeme sind in ihrer Erscheinungsform sehr gängig und werden häufig zur Beschreibung von Vorgängen verwendet. In diesem Abschnitt wird der TTOF-Strömungssensor als ein lineares, zeitinvariantes System betrachtet.

3.2.1 ALLGEMEINE EIGENSCHAFTEN UND BESCHREIBUNGSFORM LINEARER SYSTEME

Um ein System als linear und zeitinvariant zu deklarieren, bedarf es der Erfüllung einiger Voraussetzungen. Diese Voraussetzungen an das System sind zum einen ein linearer Zusammenhang und zum anderen ein zeitlich konstanter Zusammenhang zwischen der Eingangs- und der Ausgangsgröße. In der

Abbildung 3.4 ist ein lineares System für zeitkontinuierliche Signale bzw. Funktionen dargestellt. Für die Linearität des Systems sind die Eigenschaften der Homogenität und der Additivität zu erfüllen. Letztere bezeichnet das Superpositions- bzw. Überlagerungsprinzip.

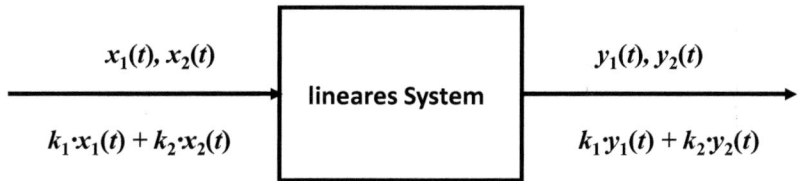

Abbildung 3.4:   Definition der Linearität eines Systems.

Wenn ein identisches lineares System für zwei verschiedene Eingangsfunktionen $x_1(t)$ und $x_2(t)$ entsprechend zwei verschiedene Ausgangsfunktionen $y_1(t)$ und $y_2(t)$ ausgibt, dann wird durch die Homogenität des Systems eine Änderung der Eingangsfunktionen mit den konstanten Faktoren k_1 und k_2 eine verhältnismäßige Änderung der Ausgangsfunktionen mit denselben Faktoren hervorgerufen. Gleichzeitig führt durch die Additivität des Systems eine Addition der zwei Eingangsfunktionen am Eingang ebenfalls zu einer Addition der zwei entsprechenden Ausgangsfunktionen am Ausgang. Bei der Zeitinvarianz überträgt das System ein zeitlich verschobenes Signal $x(t-t_0)$ am Eingang auf ein Signal am Ausgang mit exakt derselben zeitlichen Verschiebung $y(t-t_0)$. Die Transformationsgleichungen der Linearität und Zeitinvarianz lauten:

$$x_{1,2}(t) \rightarrow y_{1,2}(t), \tag{3.6}$$

$$k_1 \cdot x_1(t) + k_2 \cdot x_2(t) \rightarrow k_1 \cdot y_1(t) + k_2 \cdot y_2(t) \tag{3.7}$$

und

$$x(t-t_0) \rightarrow y(t-t_0). \tag{3.8}$$

Im Zeitbereich wird ein LZI-System durch seine Impulsantwort $h(t)$ vollständig beschrieben. Die Eingangs- und Ausgangsfunktion stehen mit der Impulsantwort über den Faltungsoperator '*' im folgenden Zusammenhang:

$$y(t) = h(t) * x(t), \tag{3.9}$$

wobei sich jedes LZI-System über die Dirac-Funktion $\delta(t)$ anhand seiner Impulsantwort identifizieren lässt durch:

$$h(t) = h(t) * \delta(t). \tag{3.10}$$

Die mathematische Faltung zweier Funktionen wird über das Faltungsintegral definiert. Mit Hilfe der Integraltransformation lassen sich die Transformationen aus Gleichung (3.6), (3.7) und (3.8) für ein Eingangs- und ein Ausgangssignal mathematisch als Faltungsintegral ausdrücken:

$$y(t) = \int_{-\infty}^{+\infty} h(\tau) \cdot x(t-\tau) d\tau, \tag{3.11}$$

bei dem die Funktion $h(\tau)$ mit der an der x-Achse gespiegelten und um t verschobenen Funktion $x(t-\tau)$ multipliziert und anschließend das Produkt integriert wird.

Analog zur Impulsantwort $h(t)$ im Zeitbereich charakterisiert die Übertragungsfunktion durch ihre Laplacetransformierte $H(s)$ bzw. Fouriertransformierte $H(\omega)$ ein LZI-System im Bild- bzw. Frequenzbereich [Föl-77].

Des Weiteren kann die Linearität eines Systems ebenfalls durch die sinusförmige Wiedergabetreue bestimmt werden. Hierbei sei eine Eingangsfunktion gegeben durch:

$$x(t) = A \cdot \sin(\omega_0 t), \tag{3.12}$$

und die Ausgangsfunktion besitzt an einem linearen System dieselbe Harmonische wie ihre Eingangsfunktion. Lediglich die Amplitude und die Phase ändern sich in Abhängigkeit der Übertragungsfunktion:

$$y(t) = A \cdot |H(\omega_0)| \cdot \sin(\omega_0 t - \varphi(\omega_0)). \tag{3.13}$$

Die Eigenschaften und Merkmale von linearen Systemen werden in dem folgenden Abschnitt auf das Konzept des TTOF-Systems übertragen.

3.2.2 TTOF-Strömungssensor als LZI-System

Der TTOF-Strömungssensor wird als ein nachrichtentechnischer Übertragungskanal betrachtet, wobei der Kanal ein lineares, zeitinvariantes

Verhalten aufweist. In der Abbildung 3.5 ist die Impulsantwort $h(t)$ des TTOF-Strömungssensors dargestellt.

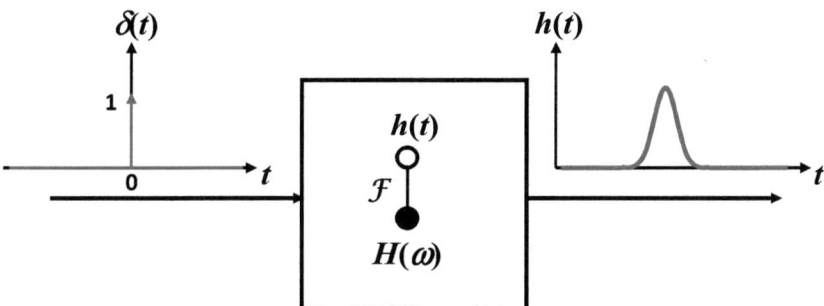

Abbildung 3.5: Betrachtung des TTOF-Strömungssensors als ein LZI-System.

Das System wird durch seine Impulsantwort vollständig identifiziert. Die Aufgaben und Fragen der Systemidentifikation des TTOF-Strömungssensors bestehen darin, die Impulsantwort als Funktion der thermofluiddynamischen Parameter, zu denen die Strömungsgeschwindigkeit u_x, die Temperaturleitfähigkeit a und die Laufstrecke Δx gehören, zu definieren:

$$h(t) = f(u_x, a, \Delta x). \tag{3.14}$$

Für eine Laufzeitbestimmung ist die zeitliche Verschiebung der Signale von bedeutender Relevanz. Wird von einer reinen Verzögerung des Systems ausgegangen, so ist die zeitliche Verschiebung t_0 der Signale auf die örtliche Mitführung der Temperatur durch die Wärmekonvektion zurückzuführen. Systemtheoretisch bedeutet dies für die Übertragungsfunktion des Systems:

$$H(\omega) = e^{-j\omega \tau_{TOF,adv}}. \tag{3.15}$$

Neben dem Zusammenhang der rein advektiven Laufzeit $\tau_{TOF,adv}$ mit der Strömungsgeschwindigkeit u_x und mit dem Detektionsort Δx ist die Fragestellung einer Abhängigkeit der advektiv-diffusiven Laufzeit $\tau_{TOF,diff}$ von dem Fluid bzw. Temperaturleitfähigkeit a zu analysieren.

Eine Übersicht der Modellbildung ist in Abbildung 3.6 gezeigt. Das Gesamtmodell stellt das Sensorsystem mit einem wärmegenerierenden Aktor, der Hitzdraht, und mindestens einem temperaturfühlenden Sensor dar. Eine Unterteilung des Gesamtmodells in drei in Reihe geordnete Subsysteme wird unternommen: das Hitzdrahtsystem, die Wärmeströmung im Fluid und die Temperaturdetektion. Der Koordinatenursprung wird bezüglich der yz-Ebene so gewählt, dass die maximale Strömungsgeschwindigkeit bei laminarer Strömungsform durch ihn hindurchgeht. Bezüglich der x-Achse befindet er sich an jenem Ort, an den eine voll ausgebildete laminare Strömung existiert.

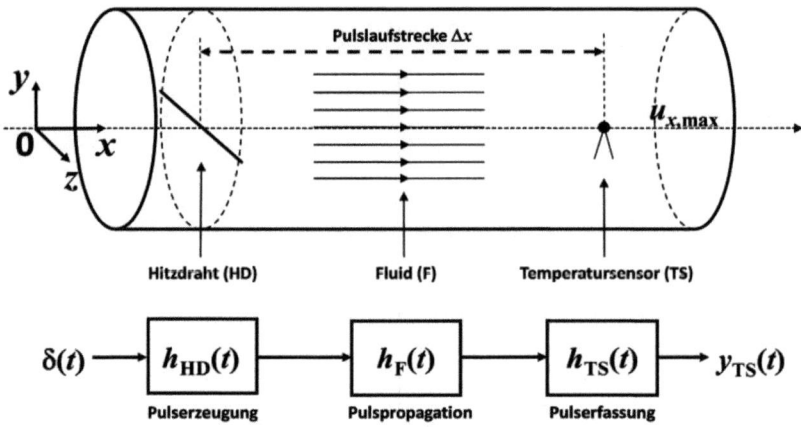

Abbildung 3.6: Modellbildung des TTOF-Strömungssensors mit Subsystemen zur Pulserzeugung, Pulspropagation und Pulsdetektion.

Die Übertragungsfunktion $h_{HD}(t)$ des Hitzdrahtsystems beinhaltet die Wärmepulserzeugung und charakterisiert den Übergang eines elektrischen Eingangs in einen thermofluiddynamischen Ausgang. Hierbei ist der konvektive Wärmeübergang von einem Festkörper an ein umgebendes und umströmendes Fluid für die Systembeschreibung entscheidend. Nachdem ein Wärmepuls erzeugt worden ist, unterliegt er einem konvektiven und einem diffusiven Wärmetransport, der mit der Übertragungsfunktion des zweiten Subsystems, das Fluidsystem $h_F(t)$, ausgedrückt wird. Die Wärmekonvektion sorgt in diesem Bereich für eine Mitführung des Wärmepulses, welche signaltheoretisch eine zeitliche Verschiebung des Wärmepulses bedeutet. Im Unterschied dazu verursacht die Wärmediffusion eine „Ausschmierung" des Wärmepulses, die signaltheoretisch eine Verbreiterung des Wärmepulses hervorruft. An dem Detektionsort zur Pulserfassung wird ein den Temperatursensor repräsentierendes drittes Subsystem $h_{TS}(t)$ eingeführt, welches das thermofluiddynamische Signal am Gesamtsystem ausgibt.

SYSTEMTHEORIE ZU DER TTOF-MESSTECHNIK

Im folgenden Abschnitt werden diese drei Subsysteme intensiver behandelt. Die Herleitungen der Impulsantworten von den jeweiligen Subsystemen sind in den entsprechenden Unterabschnitten zu finden.

3.3 MODELLBILDUNG DER WÄRMEERZEUGUNG

Zunächst wird in dem Abschnitt 3.3.1 zu dem Hitzdrahtverfahren der zeitliche Temperaturverlauf am Hitzdraht bestimmt, welcher darauf anhand der thermofluiddynamischen Parameter in dem Abschnitt 3.3.2 definiert wird. Schließlich erfolgt die Beschreibung der thermofluiddynamischen Impulsantwort des Hitzdrahtsystems im Abschnitt 3.3.3.

3.3.1 HITZDRAHTVERFAHREN

Durch den Einsatz eines stromdurchflossenen Drahtes in einer Fluidumgebung wird bei der Umwandlung von elektrischer Energie in thermische Energie Wärme an das Fluid abgegeben. Die bei dieser Umwandlung aufzustellende Energiebilanz besteht im Allgemeinen aus einer zugeführten Energie W_{zu}, einer abgegebenen Nutzenergie W_{ab} und einem Anteil an Verlustenergie W_V:

$$W_{zu} = W_{ab} + W_V. \tag{3.16}$$

In einer thermischen Analogie zu Gleichung (3.16) wird eine Wärmebilanz mit einer Stromwärme Q_S, einer Nutzwärme Q_N und einer Verlustwärme Q_V aufgestellt:

$$Q_S = Q_N + Q_V. \tag{3.17}$$

Die zugeführte elektrische Energie W_{el} wird vollständig in Stromwärme umgewandelt, so dass hierfür die Beziehung gilt:

$$W_{el} = Q_S. \tag{3.18}$$

Die thermischen Verluste entstehen wegen des Wärmeaustausches an die Umgebung. Aus dem ersten Hauptsatz der Thermodynamik gilt entsprechend der Gleichung (2.23) für die Nutzwärme Q_N:

$$Q_N = m \cdot c_p \cdot \Delta\vartheta, \tag{3.19}$$

mit der Masse m, der spezifischen Wärmekapazität c_p und der Temperaturänderung $\Delta\vartheta^1$ des Hitzdrahts. Die Verlustwärme Q_V des Hitzdrahts

---

[1] ϑ beschreibt tatsächlich die Celsiustemperatur. Im Folgenden wird es auch zur Darstellung der Kelvintemperatur verwendet.

an seine Umgebung beschreibt das Newtonsche Abkühlungsgesetz durch den Wärmestrom q_V:

$$q_V = \alpha \cdot A_M \cdot (\vartheta_{HD}(t) - \vartheta_{F0}), \qquad (3.20)$$

mit dem Wärmeübergangskoeffizienten α, der wärmeabgebenden Mantelfläche A_M, dem Temperatursignal am Hitzdraht $\vartheta_{HD}(t)$ und der Umgebungstemperatur des Fluids mit ϑ_{F0} ($x_0 \to \infty$). Das Einsetzen der Gleichungen (3.18), (3.19) und (3.20) in (3.17) ergibt die Energiebilanz in differentieller Schreibweise:

$$dW_{el} = dQ_S = m \cdot c_p \cdot d\vartheta + \alpha \cdot A_M \cdot (\vartheta_{HD}(t) - \vartheta_{F0}) \cdot dt, \qquad (3.21)$$

bzw. die Leistungsbilanz [Bra-71], [Bru-95]:

$$\frac{dW_{el}}{dt} = I_{HD}^2 \cdot R_{HD} = \frac{U_{HD}^2}{R_{HD}} = m \cdot c_p \cdot \frac{d\vartheta_{HD}(t)}{dt} + \alpha \cdot A_M \cdot (\vartheta_{HD}(t) - \vartheta_{F0}), \qquad (3.22)$$

wobei I_{HD} die elektrische Stromstärke durch den Hitzdraht, R_{HD} den elektrischen Widerstand des Hitzdrahts und U_{HD} die elektrische Spannung an dem Hitzdraht darstellen. Der temperaturabhängige Widerstand des Hitzdrahts $R_{HD}(\vartheta)$ wird in dem linearen Zusammenhang für einen Temperaturbereich von -20 °C $\leq \vartheta \leq$ +100 °C wie folgt beschrieben [Wol-97], [Bla-81]:

$$R_{HD}(\vartheta) = R_F \cdot (1 + \alpha_T \cdot (\vartheta_{HD}(t) - \vartheta_{F0})), \qquad (3.23)$$

mit dem Temperaturkoeffizienten α_T und dem Widerstand R_F bei der Bezugstemperatur, die hier als die Umgebungstemperatur des Fluids gewählt wird. Somit erweitert sich die Bilanzgleichung aus (3.22) zu:

$$I_{HD}^2 \cdot R_F \cdot (1 + \alpha_T \cdot (\vartheta_{HD}(t) - \vartheta_F)) = \\ m \cdot c_p \cdot \frac{d\vartheta_{HD}(t)}{dt} + \alpha \cdot A_M \cdot (\vartheta_{HD}(t) - \vartheta_{F0}). \qquad (3.24)$$

Die Gleichung (3.24) ist eine gewöhnliche lineare und inhomogene Differentialgleichung erster Ordnung und wird in expliziter Form ausgedrückt:

$$\frac{d\vartheta_{HD}(t)}{dt} + \frac{\alpha \cdot A_M - \alpha_T \cdot I_{HD}^2 \cdot R_F}{m \cdot c_p} \cdot \vartheta_{HD}(t) = \\ \frac{\alpha \cdot A_M \cdot \vartheta_{F0} - \alpha_T \cdot I_{HD}^2 \cdot R_F \cdot \vartheta_{F0} + I_{HD}^2 \cdot R_F}{m \cdot c_p}. \qquad (3.25)$$

Die spezielle Lösung der inhomogenen Differentialgleichung für den Anfangswert $\vartheta_{HD}(t=0) = \vartheta_{F0}$ beträgt:

$$\vartheta_{\text{HD}}(t) = \vartheta_{\text{F0}} + \frac{I_{\text{HD}}^2 \cdot R_{\text{F}}}{\alpha \cdot A_{\text{M}} - \alpha_{\text{T}} \cdot I_{\text{HD}}^2 \cdot R_{\text{F}}} \cdot \left(1 - e^{-\frac{\alpha \cdot A_{\text{M}} - \alpha_{\text{T}} \cdot I_{\text{HD}}^2 \cdot R_{\text{F}}}{m \cdot c_p} \cdot t}\right). \quad (3.26)$$

Die Funktion aus (3.26) beschreibt eine exponentiell aufklingende Hitzdrahttemperatur beim Anlegen einer elektrischen Spannung und konvergiert zu einem stationären Temperaturendwert, mit dem der eingeschwungene Zustand der Temperatur erreicht ist. Für die Aufheizdauer ergibt sich die Anstiegszeitkonstante T_r aus Gleichung (3.26) [Wit-83]:

$$T_r = \frac{m \cdot c_p}{\alpha \cdot A_{\text{M}} - \alpha_{\text{T}} \cdot I_{\text{HD}}^2 \cdot R_{\text{F}}}. \quad (3.27)$$

Zur Berechnung der Abfallzeit nach Abschalten der elektrischen Energiezufuhr wird in der Differentialgleichung aus (3.25) der Hitzdrahtstrom $I_{\text{HD}} = 0$ gesetzt. Die Abfallzeitkonstante T_f wird dementsprechend zu:

$$T_f = \frac{m \cdot c_p}{\alpha \cdot A_{\text{M}}}. \quad (3.28)$$

Neben den elektrischen Parametern in der Anstiegszeitkonstante spielen auch die Materialparameter und die wärmeabgebende Fläche des Hitzdrahts eine entscheidende Rolle. Die Bestimmung der Wärmeübertragung an der Grenzfläche durch den Wärmeübergangskoeffizienten α wird im kommenden Abschnitt für das betrachtete System erläutert.

3.3.2 Thermofluiddynamik des Hitzdrahtsystems

Zur Modellbildung des Hitzdrahtsystems sind die Strömungsgeschwindigkeit u_x des Fluids, die thermofluiddynamischen Eigenschaften des Fluids formuliert durch die kinematische Viskosität v sowie durch die Temperaturleitfähigkeit a und die spezifisch wärmeübertragende Charakteristik des Hitzdrahts gemäß seiner geometrischen Anordnung in dem Fluid festzulegen. Alle Stoffkennzahlen sind in den Gleichungen für die mittlere Temperaturänderung $\Delta\vartheta_m = \Delta\vartheta_{\text{HD}}/2$ am Hitzdraht zu verwenden.

Abbildung 3.7 zeigt den Längsschnitt des Rohrabschnitts im Hitzdrahtbereich mit den Modellparametern. In Strömungsrichtung x wird der Hitzdraht quer von dem Fluid umströmt. Der quaderförmige Hitzdraht ist mit einer Breite b_{HD}, einer Höhe h_{HD} und einer in z-Richtung ragenden Länge l_{HD} dimensioniert. Für einen mittig im Rohr positionierten Hitzdraht ist die Länge l_{HD} gleichzeitig der Rohrdurchmesser d. Die Wärmeübertragung an der Grenzschicht vom Festkörper zum Fluid erfolgt entlang einer übertragenden Oberfläche des Hitzdrahts. Ein Fluidteilchen legt in Strömungsrichtung entlang dieser Oberfläche eine Strecke zurück, die als die Überströmlänge l definiert wird und sich aus der Breite und der Höhe des Hitzdrahts zusammensetzt. Die Überströmlänge ist die charakteristische Länge L zur Berechnung der Reynolds-Zahl aus Gleichung (2.8). Somit lässt sich diese Querströmungsproblematik um den Hitzdraht anhand dieser Definition der Reynolds-Zahl für eine bestimmte Strömungsgeschwindigkeit und für ein angewandtes Fluid beschreiben.

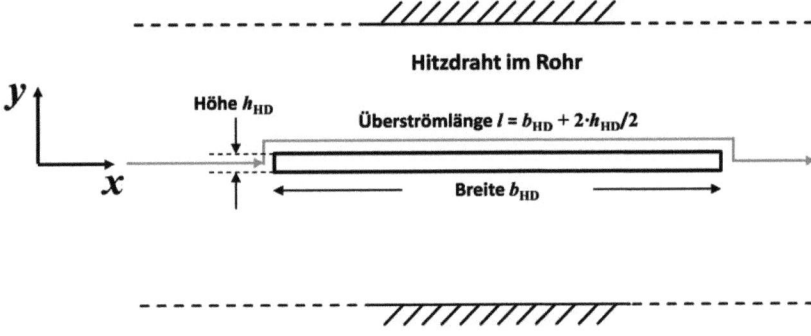

Abbildung 3.7:   *Modellparameter zur Beschreibung der Wärmeübertragung bei Querströmung um den Hitzdraht.*

Neben der Reynolds-Zahl zur Beschreibung des konvektiven Wärmeübergangs wird für die Beschreibung des diffusiven Wärmeübergangs die Prandtl-Zahl mit der Gleichung (2.9) berechnet. Die gesamte Information zu dem Wärmeübergang zwischen dem Hitzdraht und dem Fluid beinhaltet nach Ermittlung der Reynolds- und Prandtl-Zahl die Nußelt-Zahl. Für die betrachtete Geometrie aus Abbildung 3.7 lässt sich über eine Nußelt-Korrelation die Nußelt-Zahl Nu_{lam} für den laminaren Strömungsbereich bestimmen über die Gnielinski Gleichung [VDI-06]:

$$Nu_{lam} = 0{,}664 \cdot \sqrt{Re} \cdot \sqrt[3]{Pr} \;.$$
(3.29)

Entsprechend zu der ermittelten Nußelt-Zahl kann der Wärmeübertragungskoeffizient mit Hilfe der Beziehung aus Gleichung (2.10) berechnet werden:

$$\mathrm{Nu} = \frac{\alpha \cdot l}{\lambda_\mathrm{F}}. \tag{3.30}$$

Die wärmeabgebende Fläche A aus dem Newtonschen Ansatz in Gleichung (3.20) wird im Folgenden für zwei Formen der Hitzdrahtgeometrie in Betracht gezogen: Der Hitzdraht in Form eines geraden Kreiszylinders und in Form eines Quaders. Das Volumen eines zylinderförmigen Hitzdrahts mit der Länge l_HD und dem Drahtdurchmesser d_HD lässt sich berechnen über:

$$V_\mathrm{HD,Zyl} = \frac{\pi}{4} \cdot d_\mathrm{HD}^2 \cdot l_\mathrm{HD}. \tag{3.31}$$

Die wärmeabgebende Fläche am kreisförmigen Hitzdraht wird durch die Mantelfläche $A_\mathrm{M,Zyl}$ eines Zylinders bestimmt mit:

$$A_\mathrm{M,Zyl} = \pi \cdot d_\mathrm{HD} \cdot l_\mathrm{HD}. \tag{3.32}$$

Die Überströmlänge l_Zyl für die Zylinderanordnung wird über den halben Umfang eines Kreises bestimmt zu:

$$l_\mathrm{Zyl} = \frac{\pi}{2} \cdot d_\mathrm{HD}. \tag{3.33}$$

Auf diese Weise ergibt sich eine Anstiegszeitkonstante $T_\mathrm{r,Zyl}$ des Hitzdrahts für eine zylinderförmige Anordnung durch Einsetzen von (3.30), (3.31), (3.32) und (3.33) in (3.27):

$$T_\mathrm{r,Zyl} = \frac{\rho \cdot c_\mathrm{p} \cdot \frac{\pi}{4} \cdot d_\mathrm{HD}^2 \cdot l_\mathrm{HD}}{2 \cdot l_\mathrm{HD} \cdot \lambda_\mathrm{F} \cdot \mathrm{Nu} - \alpha_\mathrm{T} \cdot I_\mathrm{HD}^2 \cdot R_\mathrm{F}}. \tag{3.34}$$

Die Abfallzeitkonstante $T_\mathrm{f,Zyl}$ wird in gleicher Weise bestimmt und beträgt für eine zylinderförmige Geometrie des Hitzdrahts:

$$T_\mathrm{f,Zyl} = \frac{\rho \cdot c_\mathrm{p} \cdot d_\mathrm{HD} \cdot l}{4 \cdot \lambda_\mathrm{F} \cdot \mathrm{Nu}} = \frac{\pi \cdot \rho \cdot c_\mathrm{p} \cdot d_\mathrm{HD}^2}{8 \cdot \lambda_\mathrm{F} \cdot \mathrm{Nu}}, \tag{3.35}$$

bzw. über die Nußelt-Korrelation:

$$T_\mathrm{f,Zyl} = \frac{\pi \cdot \rho \cdot c_\mathrm{p} \cdot d_\mathrm{HD}^2 \cdot \sqrt{v}}{8 \cdot 0{,}664 \cdot \sqrt{u_x} \cdot \sqrt{l} \cdot \sqrt[3]{\mathrm{Pr}} \cdot \lambda_\mathrm{F}}. \tag{3.36}$$

Entsprechend lässt sich aus dem Volumen $V_\mathrm{HD,Quad}$, der Mantelfläche $A_\mathrm{M,Quad}$ und der Überströmlänge l eines quaderförmigen Hitzdrahts schreiben:

$$V_{\text{HD,Quad}} = l_{\text{HD}} \cdot b_{\text{HD}} \cdot h_{\text{HD}}, \tag{3.37}$$

$$A_{\text{M,Quad}} = 2 \cdot l_{\text{HD}} \cdot (h_{\text{HD}} + b_{\text{HD}}) \tag{3.38}$$

und

$$l_{\text{Quad}} = b_{\text{HD}} + h_{\text{HD}}. \tag{3.39}$$

Daraus lässt sich jeweils eine Anstiegszeitkonstante $T_{\text{r,Quad}}$ und eine Abfallzeitkonstante $T_{\text{f,Quad}}$ bestimmen:

$$T_{\text{r,Quad}} = \frac{\rho \cdot c_p \cdot b_{\text{HD}} \cdot h_{\text{HD}} \cdot l_{\text{HD}}}{2 \cdot l_{\text{HD}} \cdot \lambda_F \cdot \text{Nu} - \alpha_T \cdot I_{\text{HD}}^2 \cdot R_F}, \tag{3.40}$$

und

$$T_{\text{f,Quad}} = \frac{\rho \cdot c_p \cdot b_{\text{HD}} \cdot h_{\text{HD}}}{2 \cdot \lambda_F \cdot \text{Nu}}, \tag{3.41}$$

bzw. über die Nußelt-Korrelation:

$$T_{\text{f,Quad}} = \frac{\rho \cdot c_p \cdot b_{\text{HD}} \cdot h_{\text{HD}} \cdot \sqrt{\nu}}{2 \cdot 0{,}664 \cdot \sqrt{u_x} \cdot \sqrt{l} \cdot \sqrt[3]{\text{Pr}} \cdot \lambda_F}. \tag{3.42}$$

Der einzige strömungsgeschwindigkeitsabhängige Parameter in den Zeitkonstanten ist die dimensionslose Nußelt-Zahl. Alle anderen Parameter hängen ausschließlich von der Geometrie des Hitzdrahts und von dem umströmten Fluid ab. In der Abbildung 3.8 wird die Abhängigkeit der Wärmeübertragung von der Strömungsgeschwindigkeit an der Grenzfläche zwischen Festkörper und Fluid gezeigt. In dem Festkörper ist von einem rein diffusiven Wärmetransport auszugehen. An der Grenzfläche wirken sowohl der quer zur Strömungsrichtung führende diffusive Wärmetransport als auch der zur Hauptströmungsrichtung führende konvektive Wärmetransport. Beide Wärmeübertragungsarten werden über die Nußelt-Zahl gemäß Tabelle 2.1 ins Verhältnis gesetzt. Mit zunehmender Strömungsgeschwindigkeit nimmt der Wärmetransport an der Grenzfläche mit dem konvektiven Anteil zu. Hieraus resultiert ein Anstieg der Nußelt-Zahl. Der Anstieg der Nußelt-Zahl ist auch mathematisch anhand der Nußelt-Korrelation in Gleichung (3.29) durch die Erhöhung der Reynolds-Zahl mit wachsender Strömungsgeschwindigkeit zu verstehen. Für das dynamische Anstiegs- und Abfallverhalten des Hitzdrahts bedeutet dies eine Abnahme der Zeitkonstanten. Zusätzlich werden diese Zeitkonstanten auch von dem umströmenden Fluid durch die Prandtl-Zahl bestimmt. Die Prandtl-Zahl ist bereits als Stoffkennzahl eingeführt und taucht bei der Nußelt-Korrelation neben der Reynolds-Zahl als der zweite Parameter auf.

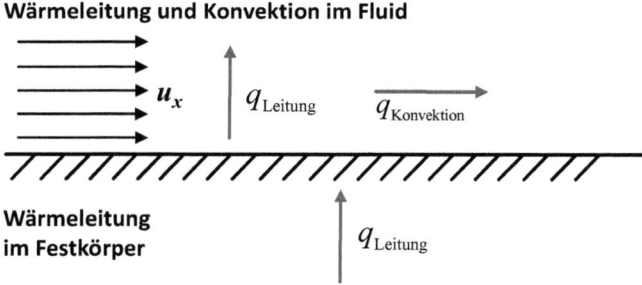

Abbildung 3.8: Zur Beschreibung des Wärmeübergangs an der Grenzfläche zwischen Festkörper und bewegtem Fluid.

Folglich wird das zeitliche Verhalten der Temperatur am Hitzdraht elementar durch die Wärmeübertragung von dem Festkörper zum Fluid und von der Anströmgeschwindigkeit des Fluids definiert. Die Nußelt-Zahl, und daraus auch die Reynolds- und die Prandtl-Zahl, charakterisiert das thermofluiddynamische Signal am Hitzdraht. Die maximale Temperaturänderung ϑ_{max} am Hitzdraht aus Gleichung (3.26) wird zu:

$$\vartheta_{max} = \frac{I_{HD}^2 \cdot R_F \cdot \sqrt{\nu}}{2 \cdot 0{,}664 \cdot \sqrt{u_x} \cdot \sqrt{l} \cdot \sqrt[3]{Pr} \cdot \lambda_F \cdot l_{HD}}, \qquad (3.43)$$

unter der Annahme, dass durch einen vernachlässigbar geringen Temperaturkoeffizient α_T der Subtrahend im Nennerausdruck der Temperaturänderung entfällt.

3.3.3 Beschreibung der Systemantwort

Das thermofluiddynamische Hitzdrahtsystem wird nun mit einem elektrischen RC-Tiefpasssystem in Analogie gesetzt. Eine herkömmliche RC-Tiefpassschaltung ist in Abbildung 3.9 als Zweitor mit einem Eingangsspannungssignal $u_e(t)$ und dem dazu entsprechenden Ausgangsspannungssignal $u_a(t)$ gezeigt. Die Differentialgleichung für dieses System lässt sich mit einem einfachen

Maschenumlauf durch das Kirchhoffsche Gesetz herleiten. Das Eingangsspannungssignal wird dementsprechend zu:

$$u_e(t) = i(t) \cdot R + u_a(t), \qquad (3.44)$$

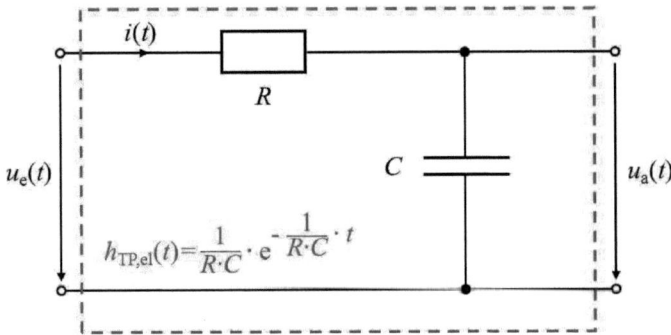

Abbildung 3.9: Elektrische Tiefpass-Schaltung mit Widerstand R und Kondensator C.

mit R dem ohmschen Widerstand und $i(t)$ der elektrischen Stromstärke. Der Strom durch die Kapazität C ist definiert durch:

$$i(t) = C \cdot \frac{du_a(t)}{dt}, \qquad (3.45)$$

welcher sich dann in Gleichung (3.44) einsetzen lässt. Durch das Einsetzen erhält man eine Differentialgleichung erster Ordnung:

$$u_e(t) = R \cdot C \cdot \frac{du_a(t)}{dt} + u_a(t), \qquad (3.46)$$

bzw.:

$$\frac{du_a(t)}{dt} + \frac{1}{R \cdot C} \cdot u_a(t) = \frac{1}{R \cdot C} \cdot u_e(t). \qquad (3.47)$$

Diese Differentialgleichung des elektrischen RC-Tiefpasses erster Ordnung wird mit der Differentialgleichung des Hitzdrahtsystems aus Gleichung (3.25) gegenübergestellt:

$$\frac{d\vartheta_{HD}(t)}{dt} + \frac{\alpha \cdot A_M}{m \cdot c_p} \cdot \vartheta_{HD}(t) = \frac{\alpha \cdot A_M}{m \cdot c_p} \cdot \vartheta_{F0} + \frac{I_{HD}^2(t) \cdot R_F}{m \cdot c_p}, \qquad (3.48)$$

wobei der Temperaturkoeffizient in Gleichung (3.25) $\alpha_T = 0$ gewählt wird. Bei einer sprungförmigen Anregung des elektrischen Tiefpasssystems wird das

SYSTEMTHEORIE ZU DER TTOF-MESSTECHNIK

Eingangsspannungssignal mit dem Endwert U_0 beschrieben durch den Einheitssprung $\sigma(t)$:

$$u_e(t) = U_0 \cdot \sigma(t). \tag{3.49}$$

Die Lösung der Differentialgleichung nach dem Ausgangsspannungssignal ergibt die Sprungantwort des elektrischen Tiefpasssystems auf das Eingangssignal:

$$u_a(t) = U_0 \cdot (1 - e^{-\frac{t}{R \cdot C}}) \cdot \sigma(t). \tag{3.50}$$

Das Hitzdrahtsystem wird ebenfalls mit einem sprungförmigen Anregungssignal am Eingang belastet, wobei es sich um ein Eingangstemperatursignal $\vartheta_e(t)$ handelt, dessen Endwert durch die elektrische Leistung $I^2_{HD} \cdot R_{HD}$, die thermofluiddynamischen Übertragungseigenschaften zwischen Festkörper und Fluid (Wärmeübergangskoeffizient α) und der Hitzdrahtgeometrie (wärmeabgebende Mantelfläche A_M) dargestellt wird:

$$\vartheta_e(t) = \left(\vartheta_{F0} + \frac{I^2_{HD} \cdot R_F}{\alpha \cdot A_M} \right) \cdot \sigma(t). \tag{3.51}$$

Somit wird ein beliebiges elektrisches Eingangssignal am Hitzdraht zu einem verhältnismäßigen thermofluiddynamischen Eingangssignal transferiert. Die Sprungantwort des Hitzdrahtsystems auf diese Erregung lautet:

$$\vartheta_{HD}(t) = \vartheta_a(t) = \vartheta_{F0} + \frac{I^2_{HD} \cdot R_F}{m \cdot c_p} \cdot (1 - e^{-\frac{\alpha \cdot A_M}{m \cdot c_p} t}) \cdot \sigma(t). \tag{3.52}$$

Abbildung 3.10 zeigt das zu Abbildung 3.9 äquivalente thermische Tiefpasssystem bestehend aus einem wärmeleitfähigkeitsbestimmenden und einem wärmespeichernden Element. Aus der thermischen Wärmemenge Q_{th} wird eine Analogie zur Elektrizitätsmenge Q_{el} erstellt:

$$Q_{th} = m \cdot c_p \cdot \vartheta \triangleq Q_{el} = C \cdot U. \tag{3.53}$$

Der Wärmestrom $q(t)$ entspricht dem elektrischen Strom $i(t)$ und wird in Analogie zu Gleichung (3.45) beschrieben mit:

$$q(t) = \frac{dQ}{dt} = m \cdot c_p \cdot \frac{d\vartheta_a(t)}{dt}. \tag{3.54}$$

Der Widerstand des thermischen Systems wird aufgrund des Festkörper-Fluid-Wärmeübergangs mit dem Wärmeübergangswiderstand R_α beschrieben:

$$R_\alpha = (\alpha \cdot A_M)^{-1}. \tag{3.55}$$

Aus einem Koeffizientenvergleich zwischen elektrischer Spannung und Temperatur aus den beiden Differentialgleichungen in (3.47) und (3.48) und den Analogien aus Gleichung (3.53) und (3.55) ergibt sich die folgende Äquivalenz zwischen den elektrischen und thermischen Parametern:

$$R \cdot C \triangleq (\alpha \cdot A_M)^{-1} \cdot m \cdot c_p, \qquad (3.56)$$

mit den identischen Dimensionen $[R \cdot C] = [(\alpha \cdot A_M)^{-1} \cdot m \cdot c_p]$ = s. In Tabelle 3.1 sind die Analogien zwischen den elektrischen und thermodynamischen Größen aufgelistet.

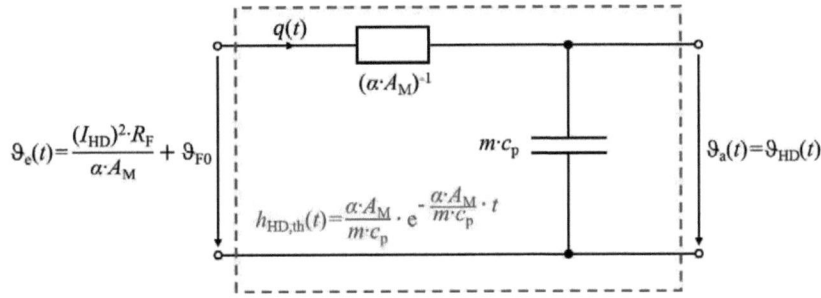

Abbildung 3.10: Thermische Tiefpass-Schaltung des Hitzdrahts bestehend aus einem wärmeleitfähigkeitsbestimmenden Element und einem wärmespeichernden Element.

Bei Anwendung der Maschenregel auf das thermische Tiefpass-System erhält man für die Eingangsgröße $\vartheta_e(t)$:

$$\vartheta_e(t) = q(t) \cdot \frac{1}{\alpha \cdot A_M} + \vartheta_{HD}(t), \qquad (3.57)$$

die unter Verwendung von Gleichung (3.54) umformuliert wird in:

$$\vartheta_e(t) = \frac{m \cdot c_p}{\alpha \cdot A_M} \cdot \frac{d\vartheta_{HD}(t)}{dt} + \vartheta_{HD}(t), \qquad (3.58)$$

und unter Berücksichtigung des temperaturabhängigen elektrischen Widerstandes bzw. des Temperaturkoeffizienten gemäß Gleichung (3.23) ergibt sich:

$$\frac{m \cdot c_p}{\alpha \cdot A_M - \alpha_T \cdot I_{HD}^2 \cdot R_F} \cdot \frac{d\vartheta_{HD}(t)}{dt} + \vartheta_{HD}(t) = \vartheta_F + \frac{I_{HD}^2 \cdot R_F}{\alpha \cdot A_M - \alpha_T \cdot I_{HD}^2 \cdot R_F}. \qquad (3.59)$$

Tabelle 3.1   Analogien zwischen elektrischen und thermodynamischen Größen.

Art	Elektrische Größen	Thermodynamische Größen
Wirkung	elektrischer Strom I $[I]$ = A	Wärmestrom q $[q]$ = W
Ursache	elektrische Spannung U $[U]$ = V	Temperatur ϑ $[\vartheta]$ = K
Widerstand	ohmscher Widerstand R_{el} $R_{el} = U \cdot I^{-1}$ $[R_{el}]$ = V·A^{-1} spezif. elektrischer Widerstand ρ_{el} $\rho_{el} = R_{el} \cdot A \cdot l^{-1}$ $[\rho_{el}]$ = V·A^{-1}·m	thermischer Widerstand R_{th} $R_{th} = \vartheta \cdot q^{-1}$ $[R_{th}]$ = K·W^{-1} spezif. Wärmewiderstand R_λ $R_\lambda = R_{th} \cdot A \cdot l^{-1}$ $[R_\lambda]$ = K·W^{-1}·m Wärmeübergangswiderstand R_α $R_\alpha = (\alpha \cdot A)^{-1}$ $[R_\alpha]$ = K·W^{-1}
Leitwert	spezif. elektrische Leitfähigkeit κ $\kappa = \rho_{el}^{-1}$ $[\kappa]$ = A·V^{-1}·m^{-1}	spezifische Wärmeleitfähigkeit λ $\lambda = R_\lambda^{-1}$ $[\lambda]$ = W·K^{-1}·m^{-1}
Kapazität	elektrische Kapazität C_{el} $[C_{el}]$ = A·s·V^{-1}	Wärmekapazität C_{th} $C_{th} = m \cdot c_p$ $[C_{th}]$ = W·s·K^{-1}
Menge	Elektrizitätsmenge Q_{el} $Q_{el} = C_{el} \cdot U$ $[Q_{el}]$ = A·s = C	Wärmemenge Q_{th} $Q_{th} = C_{th} \cdot \vartheta$ $[Q_{th}]$ = W·s = J

Damit wird die Eingangstemperaturfunktion $\vartheta_\text{e}(t)$ bei einer sprunghaften Anregung des thermischen Tiefpass-Systems beschrieben durch:

$$\vartheta_\text{e}(t) = \frac{I_\text{HD}^2 \cdot R_\text{F}}{\alpha \cdot A_\text{M} - \alpha_\text{T} \cdot I_\text{HD}^2 \cdot R_\text{F}} \cdot \sigma(t). \tag{3.60}$$

Die gewichtete Sprungantwort des Hitzdrahts wurde durch die Lösung der Differentialgleichung in (3.25) bereits ermittelt. Am Hitzdraht stellt sich ein Temperaturendwert ein, der sich aus Gleichung (3.60) ergibt und als der thermische Übertragungsfaktor K_th definiert wird. Für die weiteren Berechnungen wird analog zu Gleichung (3.48) der Temperaturkoeffizient vernachlässigt, so dass K_th auf folgende Weise vereinfacht wird zu:

$$K_\text{th} = \frac{I_\text{HD}^2 \cdot R_\text{F}}{\alpha \cdot A_\text{M} - \alpha_\text{T} \cdot I_\text{HD}^2 \cdot R_\text{F}} \xrightarrow{\alpha_\text{T}=0} K_\text{th} = \frac{I_\text{HD}^2 \cdot R_\text{F}}{\alpha \cdot A_\text{M}}. \tag{3.61}$$

Auf diese Weise kann die Eingangsgröße $(I_\text{HD})^2$ aus K_th entkoppelt werden, so dass das Übertragungsverhalten unabhängig von dem Eingangssignal ist, und somit auch das System linear beschrieben werden kann. Aus der Ableitung der Sprungantwort ergibt sich unter Berücksichtigung der Abfallzeitkonstanten aus Gleichung (3.28) die Impulsantwort des Hitzdrahtsystems $h_\text{HD,th}(t)$ zu:

$$h_\text{HD,th}(t) = \frac{1}{T_\text{f}} \cdot e^{-\frac{t}{T_\text{f}}} \cdot \sigma(t), \tag{3.62}$$

welche eine einseitig abklingende Exponentialfunktion beschreibt. Das zeitliche Verhalten des Hitzdrahts weist hiermit eine Tiefpasscharakteristik auf und wird auch entsprechend als ein Tiefpass erster Ordnung modelliert.

In Abbildung 3.11 ist das thermische Blockschaltbild des Hitzdrahtsystems für eine Sprung- und Dirac-Funktion mit der entsprechenden Dimensionierung der Signalfunktionen dargestellt. Der thermische Übertragungsfaktor K_th hat die thermodynamische Einheit Kelvin und gibt an seinem Ausgang die thermische Eingangsgröße des thermischen Tiefpasssystems wieder. Der Ausgang des gesamten Hitzdrahtsystems $\vartheta_\text{HD}(t)$ ergibt sich aus der Faltungsoperation:

$$\vartheta_\text{HD}(t) = \vartheta_\text{F0} + \delta(t) * K_\text{th} * h_\text{HD,th}(t) = \vartheta_\text{F0} + K_\text{th} * h_\text{HD,th}(t). \tag{3.63}$$

In dieser Form stellt Gleichung (3.63) die Impulsantwort des gesamten Hitzdrahtsystems dar, die durch eine Multiplikation des thermischen Übertragungsfaktors mit dem thermischen Tiefpasssystem beschrieben wird.

Systemtheorie zu der TTOF-Messtechnik

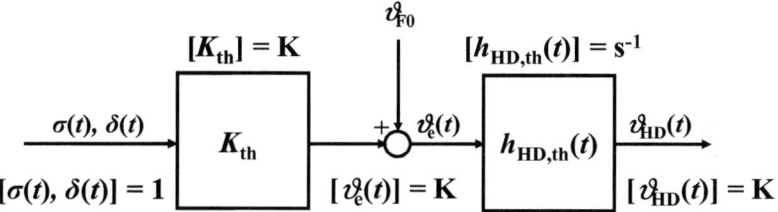

Abbildung 3.11: Thermisches Blockschaltbild des Hitzdrahts für eine impuls- und sprungförmige Eingangserregung und die Dimensionierung der Systemparameter.

Für eine allgemeine Beschreibungsform des gesamten Hitzdrahtsystems, bei der beliebige Signalformen als Anregungsfunktionen eingesetzt werden können, wird das Blockschaltbild in Abbildung 3.12 betrachtet. Die Anregungsfunktion ist in dem thermischen Übertragungsfaktor als eine Strom- oder Spannungsgröße bereits eingebunden, der mit dieser Betrachtungsweise zu einer zeitabhängigen Funktion $K_{th}(t)$ wird. Damit lautet die Faltungsoperation nun:

$$\vartheta_{HD}(t) = \vartheta_{F0} + K_{th}(t) * h_{HD,th}(t). \tag{3.64}$$

Für den Fall einer beliebigen Eingangsstromfunktion lautet sie:

$$\vartheta_{HD}(t) = \vartheta_{F0} + \frac{R_F}{\alpha \cdot A_M} \cdot I_{HD}^2(t) * h_{HD,th}(t), \tag{3.65}$$

während sie für eine beliebige Eingangsspannungsfunktion beschrieben wird durch:

$$\vartheta_{HD}(t) = \vartheta_{F0} + \frac{1}{\alpha \cdot A_M} \cdot \frac{U_{HD}^2(t)}{R_F} * h_{HD,th}(t). \tag{3.66}$$

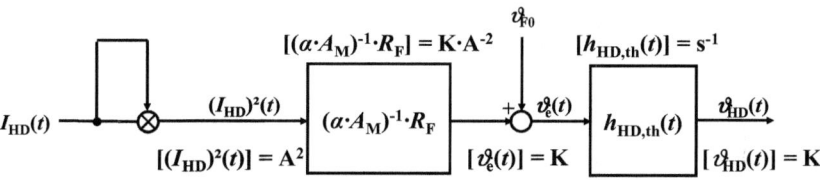

Abbildung 3.12: Thermisches Blockschaltbild des Hitzdrahts für eine beliebige Eingangsstromfunktion und die Dimensionierung der Systemparameter.

Die Laplace-Transformierte der Impulsantwort aus Gleichung (3.62) wird im Bildbereich zu:

$$H_{HD,th}(s) = \frac{1}{1 + s \cdot T_f}. \tag{3.67}$$

Als nächstes wird in Abbildung 3.13 das Sprungverhalten des Hitzdrahtsystems mit einem Rechteckpuls untersucht. Das Eingangssignal des Systems ist die an dem Hitzdraht anliegende elektrische Spannung in Form einer gepulsten Rechteckfunktion $U_{HD}(t)$:

$$U_{HD}(t) = U \cdot \text{rect}\left(\frac{t - \tau_p}{T_p}\right), \tag{3.68}$$

mit der Spannungsamplitude U, der Pulsbreite T_p und einer zeitlichen Verschiebung τ_p. Das thermofluiddynamische Ausgangssignal am Hitzdraht $\vartheta_{HD}(t)$ erhält man durch die Faltung der Eingangsfunktion mit der Impulsantwort des Hitzdrahtsystems gemäß Gleichung (3.9) bzw. Gleichung (3.66). Dabei wird das Ausgangssignal in drei Bereiche unterteilt, von denen der Bereich I das Anstiegsverhalten durch die Zeitkonstante aus Gleichung (3.27) und der Bereich II den stationären Endwert beschreibt. Der stationäre Endwert ergibt sich unter Berücksichtigung des Temperaturkoeffizienten α_T aus Gleichung (3.26) und (3.43) zu:

$$\Delta\vartheta_{HD} = \vartheta_{max} - \vartheta_{F0}. \tag{3.69}$$

Im Bereich III herrscht der stromlose Zustand vor, so dass folglich dort das Abfallverhalten durch die Zeitkonstante aus Gleichung (3.28) beschrieben wird. Anhand dieser Definition für den Bereich I und den Bereich II kann das Hitzdrahtsystem aufgrund des Temperaturkoeffizienten streng genommen nicht als ein LZI-System betrachtet werden. Damit die Berechnung an einem LZI-System durchgeführt werden kann, werden die Anstiegs- und Abfallzeitkonstanten gleich gesetzt ($T_r = T_f$).

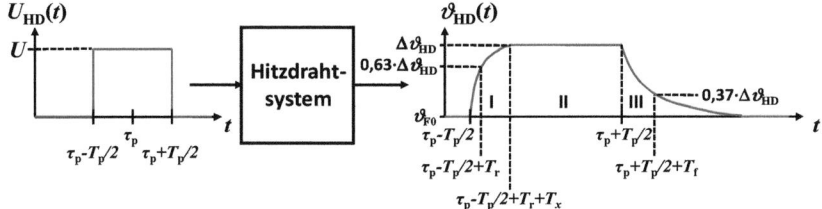

Abbildung 3.13: Unterteilung der charakteristischen Sprungantwort des Hitzdraht-Systems in drei Bereiche.

Um die Faltungsoperation im Zeitbereich durch die Multiplikation im Bildbereich zu ersetzen, wird zunächst die Rechteckfunktion aus Gleichung (3.68) am Eingang hinsichtlich der Umformung in eine konforme Laplace-Korrespondenz über zwei Sprungfunktionen beschrieben:

$$U_{HD}(t) = U \cdot \left[\sigma\left(t - \left(\tau_p - \frac{T_p}{2}\right)\right) - \sigma\left(t - \left(\tau_p + \frac{T_p}{2}\right)\right) \right]. \tag{3.70}$$

Anschließend erfolgt nach Multiplikation der Eingangsfunktion mit sich selbst die Transformation in den Bildbereich:

$$\mathcal{L}\{U_{HD}^2(t)\} = U^2 \cdot \left[\frac{1}{s} \cdot e^{-s\left(\tau_p - \frac{T_p}{2}\right)} - \frac{1}{s} \cdot e^{-s\left(\tau_p + \frac{T_p}{2}\right)} \right]. \tag{3.71}$$

Durch Multiplikation von Gleichung (3.67) mit Gleichung (3.71) erhält man die Systemantwort des Hitzdrahts im Bildbereich:

$$\vartheta_{HD}(s) = \frac{U^2}{\alpha \cdot A_M \cdot R_F} \cdot \left[\frac{1}{s} \cdot \frac{1}{1+s \cdot T_f} \cdot e^{-s\left(\tau_p - \frac{T_p}{2}\right)} - \frac{1}{s} \cdot \frac{1}{1+s \cdot T_f} \cdot e^{-s\left(\tau_p + \frac{T_p}{2}\right)} \right]. \tag{3.72}$$

Weiterhin führt eine Rücktransformation in den Zeitbereich zum thermofluiddynamischen Signal am Hitzdraht mit:

$$\vartheta_{HD}(t) = \frac{U^2}{\alpha \cdot A_M \cdot R_F} \cdot \left(1 - e^{-\frac{t - \tau_p + \frac{T_p}{2}}{T_f}} \right) \cdot \sigma\left(t - \tau_p + \frac{T_p}{2}\right)$$

$$-\frac{U^2}{\alpha \cdot A_\mathrm{M} \cdot R_\mathrm{F}} \cdot \left(1 - e^{-\left(\frac{t - \tau_\mathrm{p} - \frac{T_\mathrm{p}}{2}}{T_\mathrm{f}}\right)}\right) \cdot \sigma\left(t - \tau_\mathrm{p} - \frac{T_\mathrm{p}}{2}\right). \tag{3.73}$$

Das thermofluiddynamische Ausgangssignal am Hitzdraht lässt sich letztendlich für die Bereiche I, II und III im Allgemeinen folgendermaßen darstellen:

$$\vartheta_\mathrm{HD,I}(t) = \Delta\vartheta_\mathrm{HD} \cdot \sigma\left(t - \tau_\mathrm{p} + \frac{T_\mathrm{p}}{2}\right) \cdot \left(1 - e^{-\left(\frac{t - \tau_\mathrm{p} + \frac{T_\mathrm{p}}{2}}{T_\mathrm{f}}\right)}\right), \tag{3.74}$$

$$\vartheta_\mathrm{HD,II}(t) = \Delta\vartheta_\mathrm{HD} \cdot \left[\sigma\left(t - \left(\tau_\mathrm{p} - \frac{T_\mathrm{p}}{2} + T_\mathrm{r} + T_\mathrm{x}\right)\right) - \sigma\left(t - \left(\tau_\mathrm{p} + \frac{T_\mathrm{p}}{2}\right)\right)\right] \tag{3.75}$$

und

$$\vartheta_\mathrm{HD,III}(t) = \Delta\vartheta_\mathrm{HD} \cdot \sigma\left(t - \tau_\mathrm{p} - \frac{T_\mathrm{p}}{2}\right) \cdot e^{-\left(\frac{t - \tau_\mathrm{p} - \frac{T_\mathrm{p}}{2}}{T_\mathrm{f}}\right)}, \tag{3.76}$$

wobei für $T_\mathrm{p} \geq T_\mathrm{f} + T_\mathrm{x}$ gelten muss, um am Ausgang einen eingeschwungenen stationären Zustand zu erreichen.

Eine Tiefpassmodellierung erster Ordnung ist nur dann gewährleistet, wenn das Anstiegsverhalten beim Erreichen des stationären Endwertes dieselbe Zeitkonstante aufweist wie das Abklingverhalten. Anhand der Differentialgleichung ist die Zeitkonstante des Hitzdrahtsystems eine Funktion der Stromstärke, die lediglich im Anstieg zur Geltung kommt und im Abfall verschwindet. Dieser Effekt führt zu zwei Zeitkonstanten in einer Übertragungsfunktion erster Ordnung. Auch hier wird der Einfachheit halber durch den vernachlässigbar kleinen Temperaturkoeffizienten die Zeitkonstanten für den Anstieg und Abfall gleich gesetzt.

Mit dem Übergang vom Laplace-Bereich in den Fourier-Bereich durch die Substitution $s = \mathrm{j}\cdot\omega$ lautet die Übertragungsfunktion bzw. der Frequenzgang des thermischen Tiefpasssystems:

$$H_{\text{HD,th}}(f) = \frac{\vartheta_{\text{HD}}(f)}{\vartheta_{e}(f)} = \frac{1}{1 + j \cdot 2 \cdot \pi \cdot f \cdot T_{f}} = \frac{1}{1 + j \cdot \dfrac{f}{f_{g}}}, \quad (3.77)$$

wobei die Kreisfrequenz ω durch die Darstellung über die Frequenz $2 \cdot \pi \cdot f$ substituiert worden ist. Ein zentraler Parameter der Übertragungsfunktion ist dabei die Grenzfrequenz f_g, die sich daraus ebenfalls bestimmen lässt:

$$f_{g} = \frac{1}{2 \cdot \pi \cdot T_{f}}, \quad (3.78)$$

und mit den thermofluiddynamischen Parametern beschrieben wird durch:

$$f_{g} = \frac{\alpha \cdot A_{M}}{2 \cdot \pi \cdot m \cdot c_{p}} = \frac{\text{Nu} \cdot \lambda_{F} \cdot A_{M}}{2 \cdot \pi \cdot l \cdot m \cdot c_{p}}. \quad (3.79)$$

Die Grenzfrequenz gibt die Frequenz an, bei der der maximale Wert der Amplitude, in diesem Falle die Temperatur, um den Wert $1/\sqrt{2}$ gesunken ist:

$$\left| H_{\text{HD,th}}(f = f_{g}) \right| = \frac{1}{\sqrt{1 + \left(\dfrac{f_{g}}{f_{g}} \right)^{2}}} = \frac{1}{\sqrt{2}}. \quad (3.80)$$

Der Temperaturpegel ist bei dieser Grenzfrequenz durch $20 \cdot \log(1/\sqrt{2}) = -3$ dB um -3 dB abgefallen, die daher als 3 dB-Grenzfrequenz $f_{3\text{dB}}$ bezeichnet wird. Der Amplitudengang bzw. Betragsfrequenzgang wird beschrieben durch:

$$\left| H_{\text{HD,th}}(f) \right| = \frac{1}{\sqrt{1 + \left(\dfrac{f}{f_{g}} \right)^{2}}}, \quad (3.81)$$

und der Phasengang ist gegeben durch:

$$\varphi_{\text{HD,th}}(f) = \angle H_{\text{HD,th}}(f) = -\arctan\left(\frac{f}{f_{g}} \right). \quad (3.82)$$

Abbildung 3.14 zeigt den Amplitudengang für verschiedene Hitzdrahtsysteme an Luft, Helium, Wasser und Öl bei 300 K und bei einer Strömungsgeschwindigkeit von 0,5 m/s mit konstanter elektrischer Leistung. Aus den unterschiedlichen Grenzfrequenzen und Amplitudenwerten lassen sich die vier verschiedenen Fluide entsprechend einer konstanten Strömungsgeschwindigkeit zuordnen. Der Zusammenhang zwischen der Strömungsgeschwindigkeit und dem sich einstellenden Endwert der Temperatur am Hitzdraht ist in Abbildung 3.15 für einen Bereich von 0 – 2 m/s bei konstant abgegebener elektrischer Hitzdrahtleistung dargestellt. Aus der sich einstellenden Temperatur am Hitzdraht kann durch diese vier Fluidkennlinien die jeweilige Geschwindigkeit zugeordnet werden. Eine zusätzliche Möglichkeit der Zuordnung der Strömungsgeschwindigkeit besteht mit den Fluidkennlinien aus den Grenzfrequenzen, deren Abhängigkeit von der Strömungsgeschwindigkeit in Abbildung 3.16 gezeigt ist. Somit herrschen zwei unabhängige Parameter, die Aufschluss über die Strömungsgeschwindigkeit geben.

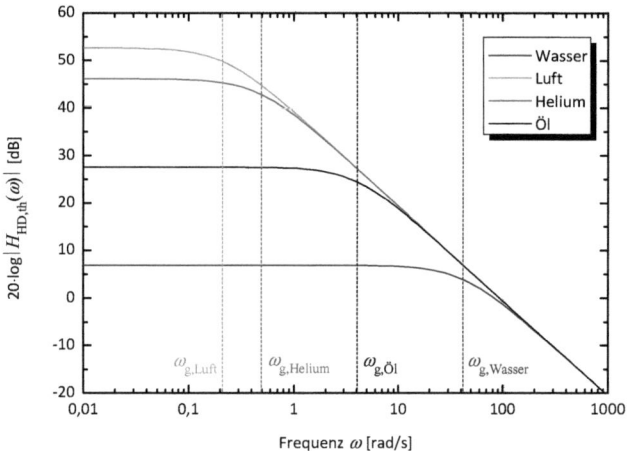

Abbildung 3.14: Amplitudengang für die Hitzdrahtsysteme an Luft (grün), Helium (rot), Wasser (blau) und Öl (schwarz) bei einer Strömungsgeschwindigkeit von 0,5 m/s und deren Grenz-Kreisfrequenzen ω_g.

Systemtheorie zu der TTOF-Messtechnik 53

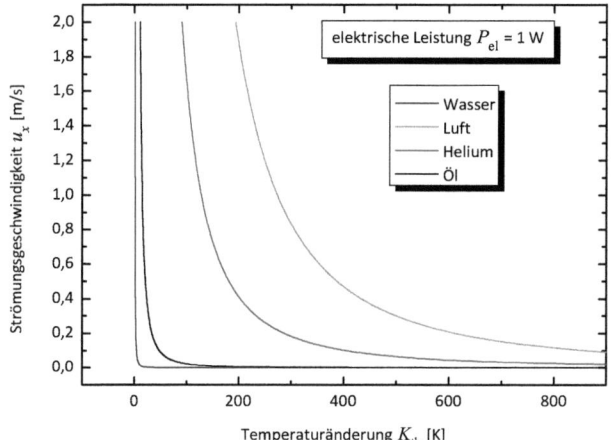

Abbildung 3.15: Strömungsgeschwindigkeit über die stationär einzustellende Temperatur für die Hitzdrahtsysteme an Luft (grün), Helium (rot), Wasser (blau) und Öl (schwarz) bei einer abgegebenen elektrischen Leistung von $P_{el} = 1$ W.

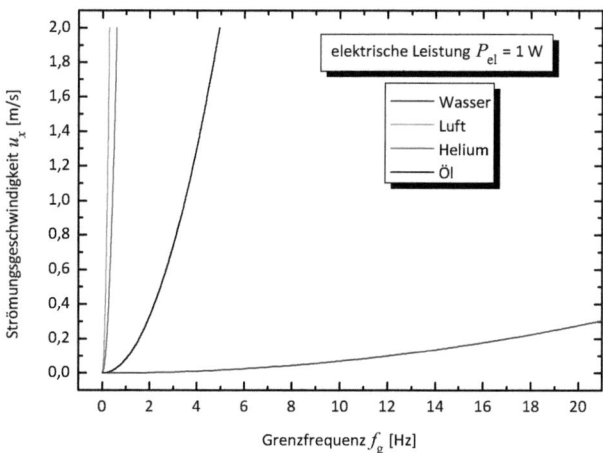

Abbildung 3.16: Strömungsgeschwindigkeit über der Grenzfrequenz für die Hitzdrahtsysteme an Luft (grün), Helium (rot), Wasser (blau) und Öl (schwarz) bei einer abgegebenen elektrischen Leistung von $P_{el} = 1$ W.

3.4 Modellbildung der Wärmeübertragung in einer Rohrströmung

Dieser Abschnitt beschränkt sich auf die Wärmeübertragung in einem System mit einem homogenen Medium, dem bewegten Fluid. Der Hitzdraht wird hierbei nicht als die wärmegebende Quelle festgelegt. Die Erzeugung eines Wärmeimpulses geschieht an einem infinitesimal kleinen virtuellen Punkt in der Strömung. Nachdem ein Wärmeimpuls in der Rohrströmung generiert worden ist, wird dieser mit der Strömung entsprechend ihrer Richtung transportiert. Dieser Energietransport ist auf die Mitnahme bzw. Mitführung des Wärmepulses in dem strömenden Fluid zurückzuführen. Während des Transportvorgangs unterliegt der Wärmepuls in einer Kombination von Wärmeleitung und Wärmekonvektion entsprechend den diffusiven und den konvektiven Transporteffekten. Dabei sorgen der diffusive Transportanteil für eine lokale Temperaturausbreitung und der konvektive Transportanteil für eine gerichtete Temperaturmitführung. Betrachtet man die rein diffusive Temperaturausbreitung, so beobachtet man einen örtlichen Temperaturgradienten in alle Richtungen. Die konvektive Temperaturmitführung ist ohne Energieverluste lediglich in die eine Strömungsrichtung gerichtet. Die Abbildung 3.17 zeigt bei einer infinitesimal punktuellen Wärmeerzeugung des Wärmepulses am Ursprung die räumliche Wärmepulsausbreitung in Strömungsrichtung x und den zeitlichen Verlauf. Mit einer fortlaufenden Stromabwärtsbewegung wird der Puls in Amplitude, Phase und Pulsbreite verändert. Die Amplitude und Pulsbreite des Wärmepulses werden von dem diffusiven Wärmetransport und die Phase des Wärmepulses von dem konvektiven Wärmetransport bestimmt.

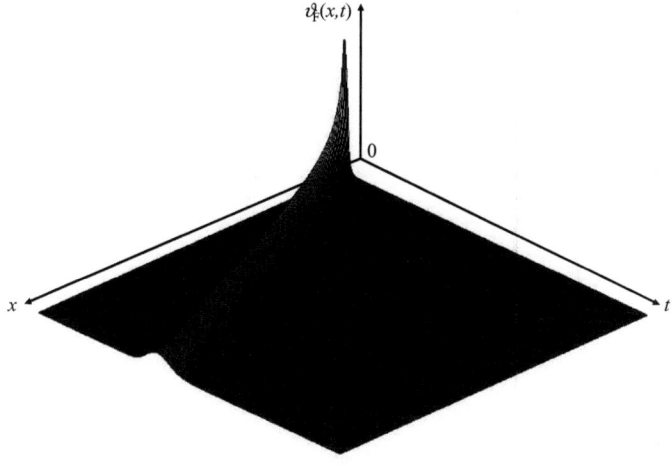

Abbildung 3.17: Örtliche und zeitliche Darstellung der Wärmepropagation in einem Rohr bei einer infinitesimal punktuellen Wärmeerzeugung.

3.4.1 EINDIMENSIONALE FUNDAMENTALLÖSUNG DER ADVEKTION-DIFFUSION-GLEICHUNG

Als dynamisches System wird die Wärmeströmung von Funktionen beschrieben, die nicht nur von der Zeit abhängen, sondern auch von dem Ort. Somit wird zur Beschreibung dieses Systems von partiellen Differentialgleichungen Gebrauch gemacht. Zur mathematischen Formulierung der diffusiven Temperaturausbreitung und konvektiven Temperaturmitführung wird die im Abschnitt 2.1.4 bereits eingeführte Advektion-Diffusion-Gleichung aus (2.28) verwendet. Diese stellt eine parabolisch lineare partielle Differentialgleichung zweiter Ordnung dar.

Zur Bestimmung einer Fundamentallösung für den Laplace-Operator in der Wärmeleitungsgleichung wird die Greensche Funktion als Hilfsmittel benutzt [Sch-12]. Die Wärmeleitungsgleichung stellt ein Anfangswertproblem dar, das mit einer Anfangsbedingung und einer Randbedingung gelöst werden kann. Die Anfangsbedingung

$$\vartheta_F(x, t = 0) = G_0(x), \tag{3.83}$$

gibt das Temperaturprofil auf dem gesamten Gebiet an, welches die Temperaturverteilung über den Ort mit der Funktion $G_0(x)$ beschreibt. Dabei ist $G_0(x,t)$ die Greensche Funktion und resultiert aus einer deltaförmigen Punktquelle, für die mit der Anfangsbedingung $t = 0$ gilt:

$$G_0(x, t = 0) = \delta(x). \tag{3.84}$$

Auf dem Rand des Gebietes gilt die Randbedingung:

$$\lim_{x \to \infty} \vartheta_F(x,t) = 0. \tag{3.85}$$

Unter diesen Bedingungen ist die Greensche Funktion eine Lösung der Wärmeleitungsgleichung. Definiert man nun einen Integraloperator mit der Greenschen Funktion als Integralkern in der Form:

$$\vartheta_F(x,t) = \int G_0(t-t') \cdot \vartheta_F(x,t') dt', \tag{3.86}$$

wobei der Integralkern als der Wärmeleitungskern oder Gauß-Kern mit:

$$G_0(x,t) = (4 \cdot \pi \cdot t)^{-\frac{1}{2}} \cdot \int_{R_n} e^{-\frac{|x|^2}{4 \cdot t}} \cdot G_0(x) dx, \tag{3.87}$$

in dem n als die Anzahl der Dimensionen steht, für die das Problem untersucht wird, so erhält man eine eindimensionale Fundamentallösung der Wärmeleitungsgleichung, die wiederum als Diffusionskern oder Gaußkern bezeichnet wird:

$$\vartheta_F(x,t) = \frac{C_1}{\sqrt{4 \cdot \pi \cdot a \cdot t}} \cdot e^{-\frac{x^2}{4 \cdot a \cdot t}}, \tag{3.88}$$

wobei a die Temperaturleitfähigkeit des Fluids und C_1 eine eindimensionale Proportionalitätskonstante bezüglich der injizierten Wärmemenge am Ort $x = 0$ und zum Anfangszeitpunkt $t = 0$ sind. Die Fundamentallösung der Advektion-Diffusion-Gleichung ist zugleich die Impulsantwort im Wärmeströmungsgebiet $h_F(t)$ für eine definierte Laufstrecke Δx und lautet für den eindimensionalen Fall $n = 1$:

$$h_F(t)\big|_{x=\Delta x} = \vartheta_F(x,t) = \frac{C_1}{\sqrt{4 \cdot \pi \cdot a \cdot t}} \cdot e^{-\frac{(x-u_x \cdot t)^2}{4 \cdot a \cdot t}}, \tag{3.89}$$

und für einen n-dimensionalen Raum mit $\vec{r}$ als Ortsvektor:

$$G_0(\vec{r},t) = (4 \cdot \pi \cdot t)^{-\frac{n}{2}} \cdot \int_{R_n} e^{-\frac{|\vec{r}|^2}{4 \cdot t}} \cdot G_0(\vec{r}) d\vec{r}. \tag{3.90}$$

SYSTEMTHEORIE ZU DER TTOF-MESSTECHNIK

Der Verlauf der Temperatur kann in dem Wurzelterm der Advektion-Diffusion-Gleichung entsprechend der Dimension definiert werden [Soc-02]. Für den eindimensionalen Fall lautet die Wurzelfunktion sowie die entsprechende Dimensionierung der Proportionalitätskonstanten C_1:

$$\vartheta_{F,max}(t) \propto \frac{1}{\sqrt{t}} \qquad \rightarrow [C_1] = K \cdot m, \qquad (3.91)$$

für den zweidimensionalen Fall wird sie beschrieben durch:

$$\vartheta_{F,max}(t) \propto \frac{1}{t} \qquad \rightarrow [C_2] = K \cdot m \cdot \sqrt{s}, \qquad (3.92)$$

und der dreidimensionale Fall lautet:

$$\vartheta_{F,max}(t) \propto \frac{1}{t \cdot \sqrt{t}} \qquad \rightarrow [C_3] = K \cdot m \cdot s. \qquad (3.93)$$

Die örtliche Mitführung und die zeitliche Verschiebung des Wärmepulses wird durch den konvektiven Teil in der Gleichung (3.89) mit der Bewegung des Fluids durch $u_x \cdot t$ ausgedrückt. Die Lösung der Wärmeleitungsgleichung ist die Faltung der Anfangsbedingung mit der Fundamentallösung:

$$\vartheta_F(x,t) = \delta(x,t) * \vartheta_F(x,t). \qquad (3.94)$$

In der Abbildung 3.18 ist die Impulsantwort des Wärmeströmungssystems dargestellt. Prinzipiell unterliegt die Impulsantwort zum einen durch die Wärmediffusion einer Signalpulsverbreiterung und zum anderen durch die Wärmekonvektion einer Signalpulsverschiebung. Das Wärmeströmungssystem und somit auch die Impulsantwort $h_F(t)$ sind durch die Temperaturleitfähigkeit a in der Funktion stark abhängig von dem Fluid selbst. Die Strömungsgeschwindigkeit u_x und der Detektionsort x charakterisieren die Impulsantwort in ihrer Laufzeit. Das lokale Maximum der Impulsantwort gibt Aufschluss über die Laufzeit des Wärmepulses, welches im Idealfall, d.h. bei einem rein konvektiven Wärmetransport, exakt dem Zeit-Geschwindigkeit-Gesetz (ZGG) folgt. Jedoch wird die Lage des lokalen Maximums durch den diffusiven Effekt nachteilig beeinträchtigt, der in dem nächsten Abschnitt näher verdeutlicht wird.

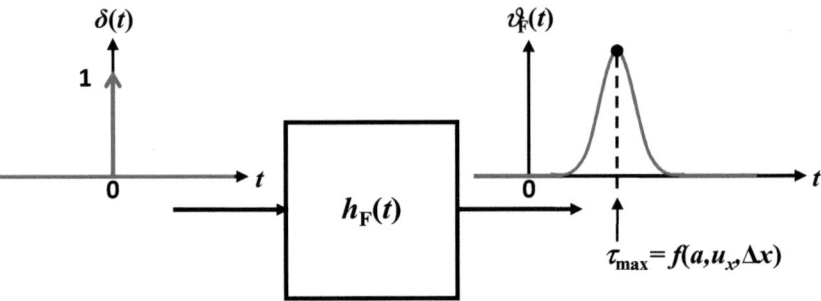

Abbildung 3.18:   Impulsantwort des Wärmeströmungssystems.

Die Temperaturleitfähigkeit des Fluids beschreibt hauptsächlich das diffusive Verhalten des Wärmepulses in der Strömung. Folglich zeigen unterschiedliche Fluide einen örtlich und zeitlich verschiedenen diffusiven Wärmetransport. Abbildung 3.19 stellt den zeitlichen Verlauf der normierten Temperatur ohne Strömung für Helium, Luft, Wasser und Öl am Wärmeentstehungsort dar. Das Fluid mit der geringsten Temperaturleitfähigkeit zeigt das langsamste Abklingverhalten, welches in diesem Falle für Öl zu beobachten ist. Die Propagation des Wärmepulses wird in der Abbildung 3.20 an Luft für verschiedene Strömungsgeschwindigkeiten dargestellt. Man erkennt, dass mit höher werdender Geschwindigkeit der diffusive Effekt beim Wärmetransport erheblich abnimmt. Physikalisch ist dieses Verhalten auch in der Peclét-Zahl verborgen, die aus Tabelle 2.1 das Verhältnis von Wärmekonvektion zu Wärmediffusion festsetzt. Über die Reynolds-Zahl steigt mit zunehmender Geschwindigkeit die Peclét-Zahl an. Zu geringeren Geschwindigkeiten hin beteiligt sich überwiegend die Wärmediffusion an dem Wärmetransport, die ein „Ausschmieren" der Pulssignale verursacht. In der Advektion-Diffusion-Gleichung befinden sich die wesentlichen Informationen zu den thermofluiddynamischen Eigenschaften des Wärmepulssignals.

Systemtheorie zu der TTOF-Messtechnik

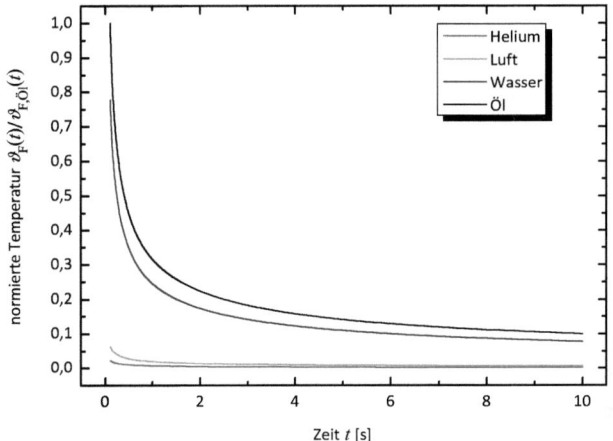

Abbildung 3.19: Zeitlich diffusiver Temperaturverlauf von vier verschiedenen Fluiden ohne Vorhandensein einer Strömung am Generationsort bei Raumtemperatur normiert auf die Öl-Kennlinie.

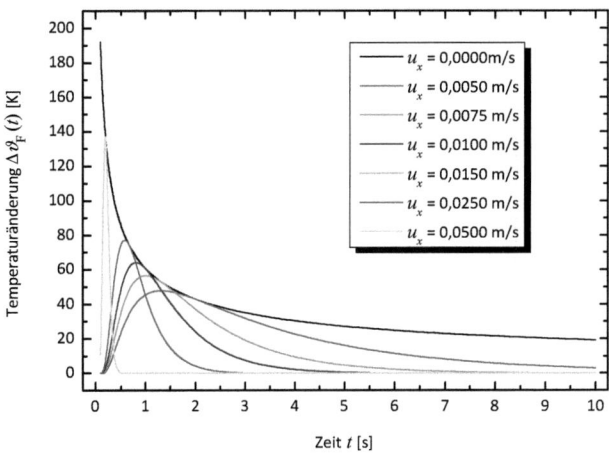

Abbildung 3.20: Zeitliche Darstellung einer eindimensionalen Wärmepropagation in x-Richtung bei einer infinitesimal punktuellen Wärmeerzeugung nach einer Pulslaufstrecke von $\Delta x = 0,01$ m für Luft.

3.4.2 Wärmepulslaufzeiten

Die zeitliche Bestimmung des lokalen Maximums der Fundamentallösung ergibt sich durch die zeitliche Ableitung von Gleichung (3.89):

$$\frac{\partial \vartheta_F(t)}{\partial t} = C_1 \cdot \frac{-u_x^2 \cdot t^2 - 2 \cdot a \cdot t + \Delta x^2}{8 \cdot a \cdot t^2 \cdot \sqrt{\pi \cdot a \cdot t}} \cdot e^{-B(t)}, \qquad (3.95)$$

wobei der Exponent $-B(t)$ der Exponentialfunktion selbst mit einer zeitlichen Funktion beschrieben wird durch:

$$-B(t) = -\frac{(\Delta x - u_x \cdot t)^2}{4 \cdot a \cdot t}. \qquad (3.96)$$

Der Zählerausdruck auf der rechten Seite der Gleichung (3.95) beschreibt die allgemeine Form einer quadratischen Gleichung, welcher in eine Normalform umgewandelt wird:

$$t^2 + \frac{2 \cdot a}{u_x^2} \cdot t - \frac{\Delta x^2}{u_x^2} = 0. \qquad (3.97)$$

Durch Nullsetzen der Normalform und anschließender Anwendung der p-q-Formel wird die Gleichung nach der Laufzeit aufgelöst. Die Ableitung der Fundamentallösung für den eindimensionalen Fall ergibt nach Lösen der quadratischen Gleichung das Maximum der Funktion bei der Laufzeit:

$$t_{1,2} = -\frac{a}{u_x^2} \pm \frac{\Delta x}{u_x} \cdot \sqrt{\frac{a^2}{\Delta x^2 \cdot u_x^2} + 1}. \qquad (3.98)$$

Aus der positiven Diskriminante der quadratischen Gleichung ergeben sich zwei reellwertige Nullstellen. Die Nullstelle t_1 befindet sich stets auf der positiven reellen Achse, da der Wurzelterm betragsmäßig größer ist als der Wert zu der Scheitelpunktposition auf der reellen Achse und bestimmt hiermit die Laufzeit τ_{TOF}:

$$\tau_{TOF} = -\frac{a}{u_x^2} + \frac{\Delta x}{u_x} \cdot \sqrt{\frac{a^2}{\Delta x^2 \cdot u_x^2} + 1}. \qquad (3.99)$$

Die zeitliche Lage des lokalen Maximums ist hier neben dem Orts- und Geschwindigkeitsparameter zusätzlich von dem Fluid über die Temperaturleitfähigkeit a abhängig. Für $a = 0$ ergibt sich die rein advektive Laufzeit durch die zeitliche Verschiebung gemäß des Zeit-Geschwindigkeit-Gesetzes. Für Fluide mit einer höheren

Systemtheorie zu der TTOF-Messtechnik 61

Temperaturleitfähigkeit wird die Laufzeit deutlich manipuliert. In Abbildung 3.21 sind die Impulsantworten der Wärmeströmung für Luft, Helium, Wasser und Öl bei einer Strömungsgeschwindigkeit von u_x = 0,1 m/s und einer Laufstrecke Δx = 0,1 m dargestellt. Im Vergleich zu Wasser und Öl besitzen Helium und Luft eine deutlich höhere Temperaturleitfähigkeit, die dementsprechend eine wesentlichere „Ausschmierung" der Helium- und Luftsignale in Zusammenhang mit einer unerwünschten lokalen Maximumsverschiebung hervorruft.

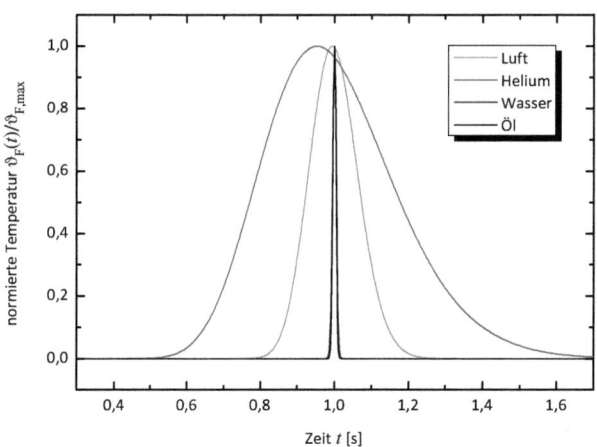

Abbildung 3.21: *Impulsantwort der Wärmepropagation für vier verschiedene Fluide bei einer Strömungsgeschwindigkeit von u_x = 0,1 m/s und an dem Detektionsort Δx = 0,1 m normiert auf die maximale Temperatur.*

Die Abhängigkeit der Laufzeit des Wärmepulses von dem Fluid wird in der Abbildung 3.22 an zwei Gasen über einem Geschwindigkeitsbereich von 0,005 m/s bis 1 m/s verdeutlicht. Die Flüssigkeiten Wasser und Öl zeigen eine geringere Temperaturleitfähigkeit auf, so dass die Abweichung der advektiven Laufzeit für Flüssigkeiten kleiner ist. Gemäß der Gleichung (3.99) ist die Abweichung der Laufzeit von dem idealen Zeit-Geschwindigkeit-Verhalten für Fluide mit einer kleineren Temperaturleitfähigkeit geringer als für Fluide mit größerer Temperaturleitfähigkeit. Zusätzlich wird bei höheren Geschwindigkeiten die Abweichung der Laufzeit ganz allgemein klein gehalten. Am deutlichsten ist die Abweichung an Helium zu sehen, da es die größte Temperaturleitfähigkeit aufweist. Insbesondere bei sehr langsamen

Strömungsgeschwindigkeiten wie beispielsweise für 0,005 m/s erhält man eine Laufzeit, die nicht einmal 20 % des Idealwertes beträgt. Mit steigender Strömungsgeschwindigkeit wird eine deutliche Verbesserung des Laufzeitwertes erzielt. An Fluiden mit einer geringen Temperaturleitfähigkeit wie beispielsweise Wasser und Öl ist eine erheblich geringfügigere Abweichung der Laufzeit in diesem Geschwindigkeitsbereich zu beobachten.

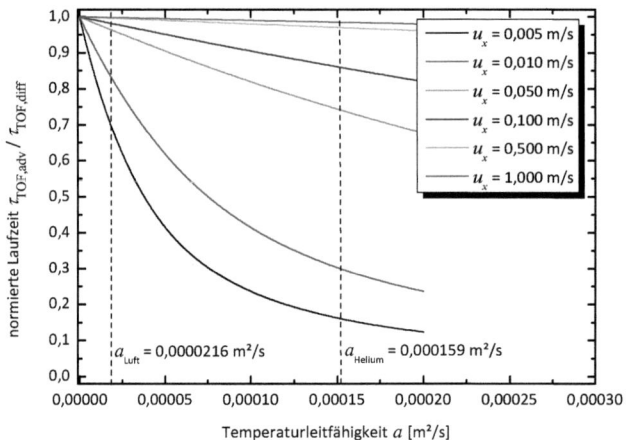

Abbildung 3.22:   *Abhängigkeit der Laufzeit von der Temperaturleitfähigkeit der Fluide bei einer Laufstrecke von $\Delta x = 0,1$ m normiert auf die advektive Laufzeit für $a = 0$.*

In dem Zeit-Geschwindigkeit-Diagramm der Abbildung 3.23 wird der Einfluss der Temperaturleitfähigkeit erneut unterstrichen. Das Zeit-Geschwindigkeit-Gesetz der Wärmeströmung für vier Fluide bei einer Laufstrecke von 0,1 m wird gezeigt. Die Abweichung der Laufzeit von der Ideallinie ist merklich für Helium und Luft in einem niedrigen Geschwindigkeitsbereich zu erkennen, während die Zeit-Geschwindigkeit-Kennlinien für Wasser und Öl die ideale Kennlinie halten.

Systemtheorie zu der TTOF-Messtechnik

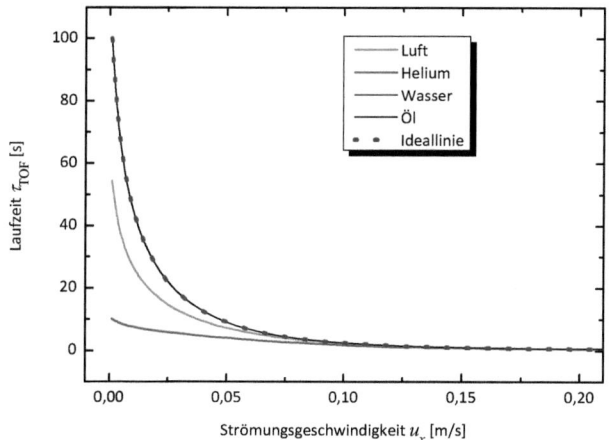

Abbildung 3.23: Zeit-Geschwindigkeit-Gesetz der Wärmeströmung bei $\Delta x = 0{,}1$ m.

3.5 Modellbildung der Wärmedetektion

Die Temperaturmessung sowohl am Hitzdraht als auch an den definierten Positionen stromabwärts für zeitlich veränderliche Temperaturen ist Gegenstand in diesem Abschnitt. Zunächst stellt Abschnitt 3.5.1 die in dieser Arbeit verwendete Temperaturmesstechnik vor. Das dynamische Ansprechverhalten des Temperatursensors wird im Abschnitt 3.5.2 beschrieben.

3.5.1 Temperatursensoren

Die Erfassung der Temperatur erfolgt bei der Wärmepulserzeugung an dem Hitzdraht und stromabwärts nach einer frei gewählten Entfernung an einem oder mehreren Detektionsorten entlang einer Strömungslinie. Mindestens zwei Temperatursensoren werden für das Messverfahren benötigt. Bei Temperaturmessungen herrschen im Allgemeinen keine besonders zeitkritischen Anforderungen an den Sensor. Um thermische Pulse in einer für das Messsystem vorliegenden Bandbreite fehlerfrei detektieren zu können, muss die Ansprechzeit des Sensors kleiner sein als die Signalfrequenz der thermischen Pulse. Des Weiteren ist beim Einbringen des Sensors in das Strömungsfeld sein unbeabsichtigtes Verhalten als Störkörper zu beachten. Somit sind die Hauptkriterien zur Wahl eines geeigneten Temperatursensors für das Messverfahren ein zeitlich schnelles Ansprechverhalten und eine geringfügige Beeinflussung bzw. Störung des Geschwindigkeitsverlaufs im Strömungsfeld.

Thermoelemente zeigen durch ihre kleine Dimension, die durch Verschweißen dünner Metalldrähte erreicht wird, eine geringe Beeinflussung der Strömung und besitzen ebenfalls eine ausreichende Dynamik. Damit sind auch ihre Robustheit und Zuverlässigkeit entsprechend für einen langwierigen Einsatz und für eine Reproduzierbarkeit der Messwerte erforderlich. In der Einfachheit ihrer Herstellung sind Thermoelemente kostengünstig zu erlangen. Außerdem benötigen sie als passive Sensoren keine weitere Hilfsenergie. Durch die flexible Struktur von Thermoelementen ist der Einbau in das Temperaturmesssystem zweckmäßig und geringfügig zeitaufwendig. Nachteilig geben Thermoelemente kleine Ausgangsspannungen im Mikrovoltbereich aus, die zum einen verstärkt werden müssen und zum anderen grundsätzlich anfällig für Rauschspannungen sind.

3.5.2 Systemantwort von Thermoelementen

Die direkte physikalische Messgröße des Strömungssensorsystems ist die Temperatur, die mit Thermoelementen detektiert wird. In Abbildung 3.24 a) ist beispielhaft das elektrische Ersatzschaltbild eines Thermoelements vom Typ K gezeigt. Die Leitungen werden mit einem elektrischen Widerstand dargestellt. Die am Ausgang an den Leitungsenden eines Thermoelements vorhandene Thermospannung hat ihre Ursache in dem Seebeck-Effekt [Pel-05], [Rat-07]. Verbindet man zwei Metallleiter aus unterschiedlichen Materialien über zwei Kontaktstellen zu einer geschlossenen Leiterschleife, dann herrscht in der Leiterschleife bei einer Temperaturdifferenz an den beiden Kontaktstellen ein elektrischer Stromfluss vor. Bei einer Unterbrechung der Leiterschleife kann die Quellenspannung bzw. Thermospannung $U_{TE,q}$ abgegriffen werden:

$$U_{TE,q} = \alpha_S \cdot (\vartheta_{mess} - \vartheta_{ref}) = \alpha_S \cdot (\vartheta_F(t) - \vartheta_{ref}) = \alpha_S \cdot \Delta\vartheta_{TE}, \qquad (3.100)$$

mit α_S als der Seebeck-Koeffizient und $\Delta\vartheta_{TE}$ als der Temperaturunterschied zwischen einer Messtemperatur ϑ_{mess}, welche hier als die Fluidtemperatur $\vartheta_F(t)$

gilt, an einer Mess-Kontaktstelle und einer definierten Referenztemperatur ϑ_{ref} an einer Referenz-Kontaktstelle [Ber-04]. Das Thermoelement gibt demzufolge stets eine Differenztemperatur aus. Der Seebeck-Koeffizient ist bei Typ-K Thermoelementen für einen großen Temperaturbereich von 0 °C bis 1300 °C linear mit der Thermospannung. Bei den Typ-K Thermoelementen wird als Materialpaarung Nickel-Chrom-Nickel verwendet. Wegen der geringen Thermospannungen im Mikrovoltbereich bedarf es einer Verstärkung des Signals um eine Größenordnung von etwa 60 dB durch eine geeignete Verstärkerschaltung entsprechend Abbildung 3.24 b), so dass sich insgesamt die gemessene Thermospannung am Thermoelement-Messsystem ergibt zu:

$$U_{TE} = v \cdot U_{TE,q} = v \cdot \alpha_S \cdot (\vartheta_{mess} - \vartheta_{ref})$$
$$= v \cdot \alpha_S \cdot \vartheta_{TE} ,$$
(3.101)

wobei v der Verstärkungsfaktor der Verstärkerschaltung ist. Separat wird an der Referenz-Kontaktstelle die Referenztemperatur direkt mit einem Referenztemperatursensor, wie beispielsweise einem Pt100-Temperatursensor, zur Ermittlung der Spannungsdifferenz zwischen den beiden Kupferleitungen gemessen. Üblicherweise wird die Referenztemperatur auf 0 °C bezogen, wodurch der Begriff der Kaltstellenkompensation entstanden ist.

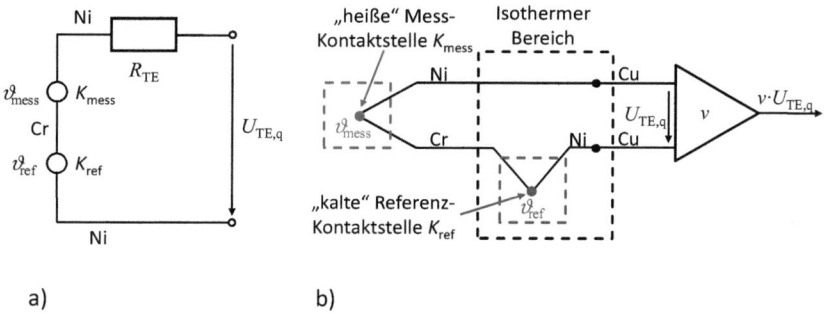

Abbildung 3.24:   Elektrisches Ersatzschaltbild eines Thermoelements vom Typ K mit K_{mess} als die Temperaturmessstelle und K_{ref} als die Referenzmessstelle in a) und Temperaturverstärkerschaltung mit Kaltstellenkompensation in b) [Fra-10].

Um das zeitliche Ansprechverhalten eines Thermoelementes mathematisch zu beschreiben, wird eine ähnliche Vorgehensweise zu der Modellbildung wie beim Hitzdraht zum Einsatz gebracht. Der Wärmestrom ist im Falle der

Temperaturdetektion an einer Grenzfläche von einem Fluid in einen Festkörper gerichtet. Im Gegensatz zum Hitzdrahtmodell verläuft der Wärmestrom oder der Wärmedurchgang am Thermoelement von einem Fluid an einen Festkörper. Die Energieerhaltungsgleichung für ein Thermoelement lautet [Hol-01], [Sar-07], [Eng-09]:

$$q = \alpha \cdot A_{TE} \cdot \vartheta_{TE} = m_{TE} \cdot c_{p,TE} \cdot \frac{d\vartheta_{TE}(t)}{dt}, \qquad (3.102)$$

mit A_{TE} der wärmeaufnehmenden Oberfläche des Thermoelementes, m_{TE} als die Masse von der Kontaktstelle des Thermoelementes und $c_{p,TE}$ als die spezifische Wärmekapazität. Aus dieser Differentialgleichung ergibt sich die Sprungantwort des Systems:

$$\vartheta_{TE}(t) = \vartheta_{TE} \cdot \left(1 - e^{-\frac{t}{T_{TE}}}\right), \qquad (3.103)$$

wobei sich daraus die Anstiegszeitkonstante T_{TE} des Thermoelementes ergibt:

$$T_{TE} = \frac{m_{TE} \cdot c_{p,TE}}{\alpha \cdot A_{TE}}. \qquad (3.104)$$

Aus der Gleichung (3.104) folgt, dass mit geringer werdender Masse eine kleine Ansprechzeit zu erreichen ist. Ferner wird durch den Einsatz des Thermoelementes in der Strömung ein recht hoher Anteil an Wärmekonvektion erreicht, welcher in Verbindung mit der Nußelt-Zahl den Wärmeübergangskoeffizienten α anhebt. Die Erhöhung des Wärmeübergangskoeffizienten lässt die Anstiegszeitkonstante kleiner werden. In der Abbildung 3.25 ist die Sprungantwort des Thermoelementes abgebildet.

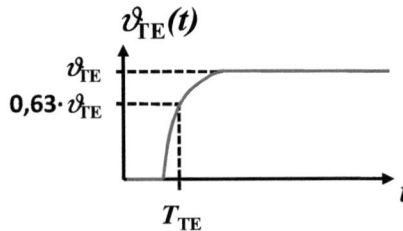

Abbildung 3.25: Dynamisches Ansprechverhalten eines Thermoelementes.

Das Pulserfassungssystem $h_{TS}(t)$ erreicht aufgrund der kleinen Anstiegszeitkonstante eine um Größenordnungen schnellere Dynamik als das Hitzdrahtsystem $h_{HD}(t)$. In der Modellbildung und Simulation wird daher nur die Zeitkonstante des Thermoelements am Hitzdraht berücksichtigt.

3.6 Faltung der Impulsantworten

Die Übertragungsfunktionen der Subsysteme aus den vorherigen Abschnitten, die das Hitzdrahtsystem und die Wärmeströmung beschreiben, werden für die Betrachtung des gesamten TTOF-Sensors in Reihe geschaltet. Die Impulsantwort der Wärmeströmung aus Gleichung (3.89) ist mathematisch schwierig zu handhaben. Zwecks einer analytischen Beschreibung der Faltung wird die Impulsantwort zu einer komfortableren Funktion approximiert. Der Wurzelausdruck in dem Nenner des Faktors vor der Exponentialfunktion wird durch eine Summenfolge von Exponentialfunktion ersetzt [Bra-05]:

$$\frac{1}{\sqrt{t}} = \sum_i w_i \cdot e^{-\frac{\beta_i \cdot t}{2}}, \qquad (3.105)$$

mit w_i und β_i als Unbekannte aus der Menge der positiven reellen Zahlen. Wendet man diese Approximation auf den ersten Faktor der Impulsantwort an, so erhält man statt der Wurzelfunktion einen neuen Ausdruck mit $\vartheta_F'(x,t)$:

$$\vartheta_F'(x,t) = \frac{C_1'}{\sqrt{4 \cdot \pi \cdot a}} \cdot \sum_i w_i \cdot e^{-\frac{\beta_i \cdot t}{2}} \cdot e^{-\frac{(x-u_x \cdot t)^2}{4 \cdot a \cdot t}}, \qquad (3.106)$$

mit C_1' als neue Proportionalitätskonstante. Als Nächstes wird die zweite Exponentialfunktion in Gleichung (3.106) für $x \ll u_x \cdot t$ untersucht. Für diesen Fall wird ihr Exponent folgendermaßen angenähert:

$$-\frac{(x-u_x \cdot t)^2}{4 \cdot a \cdot t} = -\frac{u_x^2 \cdot t}{4 \cdot a} \cdot \left(1 - \frac{x}{u_x \cdot t}\right)^2 \approx -\frac{u_x^2 \cdot t}{4 \cdot a} \cdot \left(1 - \frac{2 \cdot x}{u_x \cdot t}\right). \qquad (3.107)$$

Damit ergibt sich eine zu Gleichung (3.106) approximierte Impulsantwort:

$$\vartheta_F'(x,t) = \frac{C_1'}{\sqrt{4 \cdot \pi \cdot a}} \cdot \sum_i w_i \cdot e^{-\frac{\beta_i \cdot t}{2}} \cdot e^{-\frac{u_x \cdot x}{2 \cdot a}} \cdot e^{-\frac{u_x^2 \cdot t}{4 \cdot a}}, \qquad (3.108)$$

bzw.

$$\vartheta'_F(x,t) = \frac{C'_1}{\sqrt{4\cdot\pi\cdot a}} \cdot e^{\frac{u_x \cdot x}{2\cdot a}} \cdot \sum_i w_i \cdot e^{-\frac{2\cdot\beta_i\cdot a+u_x^2}{4\cdot a}\cdot t}. \tag{3.109}$$

Unter diesen vereinfachten Annahmen ergibt die Multiplikation der zwei Exponentialfunktionen aus Gleichung (3.106) eine Exponentialfunktion, die ein Tiefpassverhalten erster Ordnung analog zum Übertragungssystem des Hitzdrahts beschreibt. Das Sensorsystem wird demzufolge aus zwei Tiefpasssystemen erster Ordnung in Reihenschaltung betrachtet, was ganzheitlich als ein Tiefpasssystem zweiter Ordnung verstanden wird.

Zur Beschreibung der Impulsantwort der Wärmeströmung im Frequenzbereich wird die Ähnlichkeit dieser Funktion mit der inversen Gauß-Verteilung IG ausgenutzt. Die inverse Gauß-Verteilung wird definiert mit [Mat-05]:

$$\mathrm{IG}(z';\mu',\lambda') = \sqrt{\frac{\lambda'}{2\cdot\pi}} \cdot (z')^{-\frac{3}{2}} \cdot e^{-\frac{\lambda'}{2\cdot(\mu')^2\cdot z'}(z'-\mu')^2}, \tag{3.110}$$

mit den Parametern $\lambda' > 0$ und $\mu' > 0$. Durch die Variation der Parameter λ' und μ' werden die Breite, die Asymmetrie und die Lage der Gauß-Verteilung bezogen auf z' beeinflusst. Die Asymmetrie bzw. das Neigungsmaß wird beschrieben über die Schiefe (engl.: Skewness):

$$v(z') = 3\cdot\sqrt{\frac{\mu'}{\lambda'}}. \tag{3.111}$$

Durch die Substitutionen $z' = t$, $\mu' = x/u$ und $\lambda' = x^2/(2\cdot a)$ wird die inverse Gauß-Verteilung aus Gleichung (3.110) in eine der Impulsantwort ähnliche Funktion $\vartheta_F(x,t)$ überführt:

$$\mathrm{IG}(t;x,u_x) = x\cdot\sqrt{\frac{1}{4\cdot\pi\cdot a\cdot t^3}} \cdot e^{-\frac{(x-u_x\cdot t)^2}{4\cdot a\cdot t}}. \tag{3.112}$$

Die Schiefe dieser Gauß-Verteilung über die Zeit t wird nun durch die Temperaturleitfähigkeit a, die Strömungsgeschwindigkeit u_x und dem Detektionsort x bestimmt:

$$v(t) = 3\cdot\sqrt{\frac{2\cdot a}{u_x\cdot x}}. \tag{3.113}$$

Je größer die Strömungsgeschwindigkeit und je kleiner die Temperaturleitfähigkeit des Fluids sind, desto symmetrischer ist der Verlauf der Impulsantwort des Wärmeströmungssystems. Durch eine Fourier-Transformation der Gauß-Verteilung aus Gleichung (3.110) wird ihre

Beschreibung im Frequenzbereich durch eine charakteristische Funktion definiert mit:

$$\mathcal{F}[IG(z';\mu',\lambda')] = e^{\frac{\lambda'}{\mu'} - \lambda' \sqrt{\frac{\lambda'}{\mu'} - 2\cdot j\cdot\omega}} = e^{\frac{\lambda'}{\mu'}\left[1 - \sqrt{1 - \frac{2\cdot(\mu')^2\cdot j\cdot\omega}{\lambda'}}\right]}, \qquad (3.114)$$

und für Gleichung (3.112) in entsprechender Weise durch Substitution:

$$\mathcal{F}[IG(t;x,u_x)] = e^{\frac{u_x\cdot x}{2\cdot a}\left[1 - \sqrt{1 - \frac{4\cdot j\cdot\omega\cdot a}{u_x^2}}\right]}. \qquad (3.115)$$

Somit gilt für die Fourier-Transformation der Impulsantwort der Wärmeströmung:

$$\mathcal{F}[\vartheta_F(x,t)] = \frac{C_1'}{x}\cdot e^{\frac{u_x\cdot x}{2\cdot a}\left[1 - \sqrt{1 - \frac{4\cdot j\cdot\omega\cdot a}{u_x^2}}\right]}, \qquad (3.116)$$

und unter der Annahme, dass $(u_x)^2 \gg 4\cdot\omega\cdot a$ gelten soll, wird Gleichung (3.116) approximiert zu:

$$\mathcal{F}[\vartheta_F(x,t)] \approx \frac{C_1'}{x}\cdot e^{-\frac{j\cdot\omega\cdot x}{u_x}}. \qquad (3.117)$$

Die Impulsantwort des Wärmeströmungssystems aus Gleichung (3.89) wird durch eine Gauß-Funktion aus Gleichung (3.4) approximiert. Greift man auf die Vereinfachung aus Gleichung (3.107) zurück, so erhält man eine Impulsantwort $\vartheta_F''(x,t)$ der Wärmeströmung für $x \ll u_x\cdot t$:

$$\vartheta_F''(x,t) = \frac{C_1''}{\sqrt{4\cdot\pi\cdot a\cdot t}}\cdot e^{\frac{u_x\cdot x}{2\cdot a}}\cdot e^{-\frac{u_x^2\cdot t}{4\cdot a}}, \qquad (3.118)$$

wobei der linksseitige Grenzwert für $t \to 0$ dieser Funktion gegen unendlich konvergiert:

$$\lim_{t\to 0} \vartheta_F''(x,t) = \infty. \qquad (3.119)$$

Im Gegensatz dazu konvergiert die Funktion $\vartheta_F'(x,t)$ für $t \to 0$:

$$\lim_{t\to 0} \vartheta_F'(x,t) = 0. \qquad (3.120)$$

Eine Verschiebung von $\vartheta_F''(x,t)$ um τ führt zu einer weiteren Funktion:

$$\vartheta_F'''(x,t) = \left(\frac{C_1'''}{\sqrt{4\cdot\pi\cdot a\cdot\tau}}\cdot e^{\frac{u_x\cdot x}{2\cdot a}}\cdot e^{-\frac{u_x^2\cdot(t-\tau)}{4\cdot a}}\right)\cdot\sigma(t-\tau), \qquad (3.121)$$

die nur für $t \geq \tau$ gilt. Der Zeitpunkt τ entspricht dabei der Zeit des Maximums in der Originalfunktion $\vartheta_F(x,t)$. Das Anstiegsverhalten wird in der Funktion aus Gleichung (3.121) nicht berücksichtigt und wird durch Anpassung mit der folgenden Gauß-Funktion realisiert:

$$\vartheta_F^*(x,t) = \left(\frac{C_1^*}{\sqrt{4 \cdot \pi \cdot a \cdot t_0}} \cdot e^{-\frac{[x-u_x \cdot (t-t_0)]^2}{4 \cdot a \cdot t_0}} \right) \cdot \sigma(t), \qquad (3.122)$$

bzw.

$$\vartheta_F^*(x,t) = \left(\frac{C_1^*}{\sqrt{4 \cdot \pi \cdot a \cdot t_0}} \cdot e^{-\frac{u_x^2 \left[t - \left(t_0 + \frac{x}{u_x} \right) \right]^2}{4 \cdot a \cdot t_0}} \right) \cdot \sigma(t), \qquad (3.123)$$

mit $t_0 + x/u_x$ als die zeitliche Lage des lokalen Maximums bzw. Scheitel-oder Mittelwerts der Gauß-Funktion für $t \geq 0$. Ihre Standardabweichung aus Gleichung (3.123) ergibt:

$$\sigma = \frac{\sqrt{2 \cdot a \cdot t_0}}{u_x}. \qquad (3.124)$$

Der Vergleich der Originalfunktion $\vartheta_F(x,t)$ aus Gleichung (3.89) mit ihrer approximierten Gauß-Funktion $\vartheta_F^*(x,t)$ aus Gleichung (3.123) zum Zeitpunkt des Scheitelwertes ergibt:

$$\vartheta_F(x,\tau) = \frac{C_1}{\sqrt{4 \cdot \pi \cdot a \cdot \tau}} \cdot e^{-\frac{(x-u_x \cdot \tau)^2}{4 \cdot a \cdot \tau}}$$
$$= \vartheta_F^*(x,t_0) = \frac{C_1^*}{\sqrt{4 \cdot \pi \cdot a \cdot t_0}} \cdot e^{-\frac{x^2}{4 \cdot a \cdot t_0}}, \qquad (3.125)$$

mit der neuen Proportionalitätskonstante C_1^*:

$$C_1^* = C_1 \cdot \sqrt{\frac{t_0}{\tau}} \cdot e^{+\frac{x^2}{4 \cdot a \cdot t_0}} \cdot e^{-\frac{(x-u_x \cdot \tau)^2}{4 \cdot a \cdot \tau}}. \qquad (3.126)$$

Die Gauß-Approximation für $\vartheta_F(x,t)$ gilt nur mit geringer Schiefe bzw. kleiner Asymmetrie, da die Gauß-Funktion aus Gleichung (3.123) eine symmetrische Funktion ist.

Die Systemantwort des Tiefpasssystems zweiter Ordnung wird für verschiedene Strömungsgeschwindigkeiten und unterschiedliche Detektionsorte erörtert. Der Eingang des Sensorsystems wird mit einer Dirac-Funktion angeregt und über

Systemtheorie zu der TTOF-Messtechnik

den thermischen Übertragungsfaktor in eine Temperatur transformiert. Die Ausgangssignale der Sensorsysteme stellen die Temperaturen im Wärmeströmungsgebiet an den jeweiligen Detektionsorten dar. Dabei sind die Wärmepulslaufstrecken gemäß Abbildung 2.3 vorgegeben. Beispielhaft werden hier die Temperaturen am Hitzdraht und an drei stromabwärts befindlichen Detektionsorten betrachtet. Das Gesamtsystem wird für zwei Fälle unterschieden. Zum einen wird das Gesamtsystem bei einer konstanten Strömungsgeschwindigkeit dargestellt, und zum anderen erfolgt die Darstellung bei Variation der Strömungsgeschwindigkeit. Darüber hinaus gilt die nachfolgende Betrachtung für ein homogenes Fluid bei einer konstanten Fluidumgebungstemperatur ϑ_{F0}.

In der Abbildung 3.26 wird zunächst der Fall betrachtet, in dem eine konstante Strömungsgeschwindigkeit vorliegt. Die Übertragungsfunktion $h_{HD,th}(t)$ am Hitzdraht ändert sich bei einer konstanten Strömungsgeschwindigkeit nicht. Wird die Temperatur nun an drei unterschiedlichen Detektionsorten x_1, x_2 und x_3 gemessen, so müssen dementsprechend drei Übertragungsfunktionen $h_F(\Delta x_{01},t)$, $h_F(\Delta x_{02},t)$ und $h_F(\Delta x_{03},t)$ bestimmt werden.

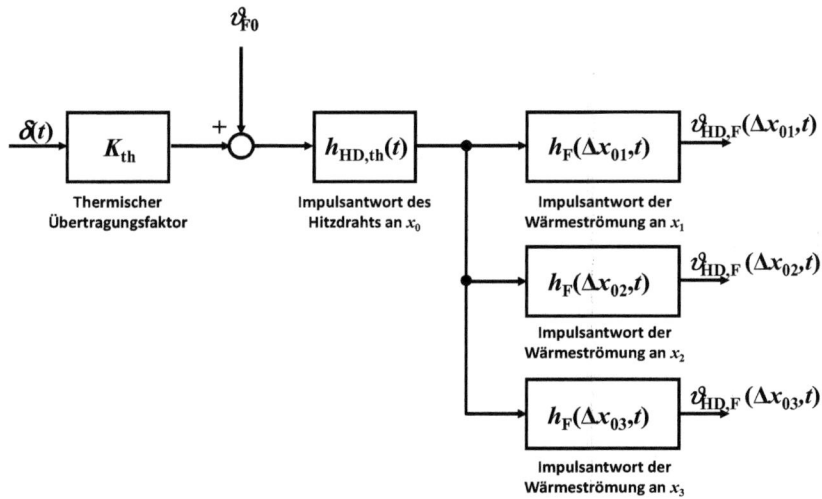

Abbildung 3.26: TTOF-Strömungssensor als zwei Tiefpässe 1. Ordnung in Serie für eine konstante Strömungsgeschwindigkeit an drei Detektionsorten.

Die drei Temperaturausgangssignale $\vartheta_{HD,F}(\Delta x_{01},t)$, $\vartheta_{HD,F}(\Delta x_{02},t)$ und $\vartheta_{HD,F}(\Delta x_{03},t)$ des gesamten Sensorsystems zu Abbildung 3.26 lassen sich durch die Faltungsprodukte des impulsförmigen Eingangssignals $\delta(t)$ mit den Impulsantworten des Hitzdrahtsystems und des Wärmeströmungs-gebiets wie folgt ausdrücken:

$$\vartheta_{F0} + \delta(t) * K_{th} * h_{HD,th}(t) * h_F(\Delta x_{01},t) = \vartheta_{HD,F}(\Delta x_{01},t),$$
$$\vartheta_{F0} + \delta(t) * K_{th} * h_{HD,th}(t) * h_F(\Delta x_{02},t) = \vartheta_{HD,F}(\Delta x_{02},t), \quad (3.127)$$
$$\vartheta_{F0} + \delta(t) * K_{th} * h_{HD,th}(t) * h_F(\Delta x_{03},t) = \vartheta_{HD,F}(\Delta x_{03},t).$$

Einen weiteren Fall zeigt Abbildung 3.27, indem die Darstellung des Gesamtsystems die Variation der Strömungsgeschwindigkeit an einem Detektionsort berücksichtigt. Die Übertragungsfunktion des Hitzdrahtsystems verändert sich nun aufgrund der Abfallzeitkonstante aus Gleichung (3.28) in Abhängigkeit der Strömungsgeschwindigkeit, wodurch für drei verschiedene Strömungsgeschwindigkeiten folglich drei Übertragungsfunktionen $h_{HD,th}(u_1,t)$, $h_{HD,th}(u_2,t)$ und $h_{HD,th}(u_3,t)$ existieren. Der stationäre Endwert ist gemäß Gleichung (3.61) ebenfalls abhängig von der Strömungsgeschwindigkeit und wird durch den thermischen Übertragungsfaktor $K_{th}(u_1)$, $K_{th}(u_2)$ und $K_{th}(u_3)$ beschrieben. Analog werden an dem Detektionsort aufgrund Gleichung (3.89) für drei Strömungsgeschwindigkeiten drei Übertragungsfunktionen $h_F(u_1,\Delta x_{01},t)$, $h_F(u_2,\Delta x_{01},t)$ und $h_F(u_3,\Delta x_{01},t)$ gebildet.

Systemtheorie zu der TTOF-Messtechnik

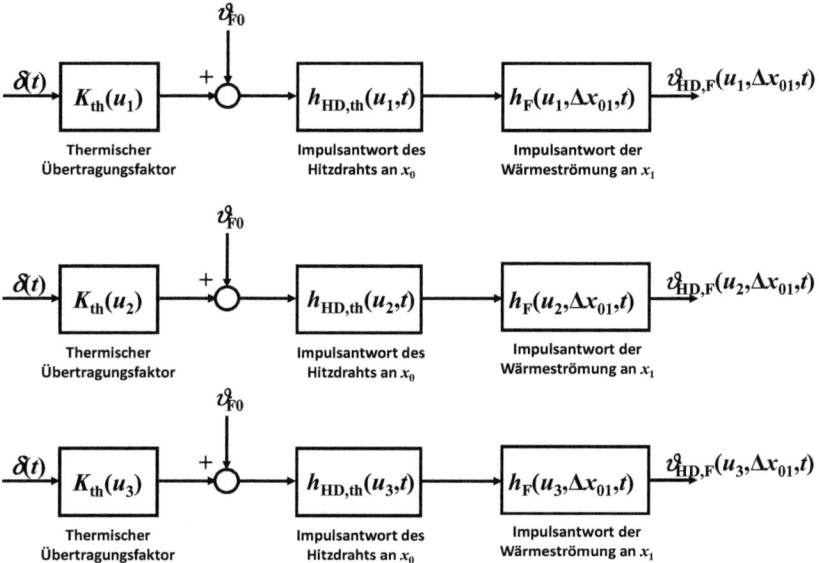

Abbildung 3.27:   TTOF-Strömungssensor als zwei Tiefpässe 1. Ordnung in Serie an einem Detektionsort x_1 für die Strömungsgeschwindigkeiten u_1 (oben), u_2 (Mitte) und u_3 (unten).

Die drei Ausgangssignale des gesamten Sensorsystems zu Abbildung 3.89 lassen sich durch die Faltungsprodukte des Eingangssignals mit den beiden Impulsantworten wie folgt ausdrücken:

$$\vartheta_{F0} + \delta(t) * K_{th}(u_1) * h_{HD,th}(u_1,t) * h_F(u_1,\Delta x_{01},t) = \vartheta_{HD,F}(u_1,\Delta x_{01},t),$$
$$\vartheta_{F0} + \delta(t) * K_{th}(u_2) * h_{HD,th}(u_2,t) * h_F(u_2,\Delta x_{01},t) = \vartheta_{HD,F}(u_2,\Delta x_{01},t), \quad (3.128)$$
$$\vartheta_{F0} + \delta(t) * K_{th}(u_3) * h_{HD,th}(u_3,t) * h_F(u_3,\Delta x_{01},t) = \vartheta_{HD,F}(u_3,\Delta x_{01},t).$$

Die Faltung einer einseitigen Exponentialfunktion aus Gleichung (3.3) mit einer Gauß-Funktion aus Gleichung (3.4) ergibt [But-09]:

$$h_{HD}(t) * h_F(t) = \frac{K_{th}}{2 \cdot T_f} \cdot e^{-\frac{t}{T_f}} \cdot e^{\frac{\sigma^2}{2 \cdot T_f^2}} \cdot \mathrm{erfc}\left(\frac{\sigma}{\sqrt{2} \cdot T_f} - \frac{t}{\sigma \cdot \sqrt{2}}\right). \quad (3.129)$$

Das Faltungsergebnis stellt die Multiplikation einer abklingenden Exponentialfunktion und einer Fehlerfunktion dar. Abbildung 3.27 zeigt die Impulsantwort des Hitzdrahts $h_{HD}(t)$ als eine rechtsseitig abklingende Exponentialfunktion, die Impulsantwort der Wärmeströmung $h_F(t)$ als eine Gauß-Funktion und das Faltungsergebnis der beiden Funktionen. Das

Faltungsergebnis repräsentiert hierbei die Impulsantwort des Hitzdrahtsystems, sofern die Faltung nicht mit einem verschobenen Gauß-Puls durchgeführt wird. Bei dieser Betrachtungsweise der Modellbildung mit der Gaußapproximation zeigt diese durch die Faltung gewonnene Impulsantwort speziell in ihrer Anstiegsphase keinen sprunghaften Anstieg wie mit Gleichung (3.26), sondern erfährt eine etwas sanftere Änderung ihres Wertes. Dieses sanfte Änderungsverhalten deutet auf Fluide mit einer großen spezifischen Wärmeleitfähigkeit und somit für eine Wärmeübertragung im Hitzdrahtsystem, bei der der diffusive Anteil zu beachten ist. Das Abfallverhalten ist in dem Falle nahezu identisch mit dem Abfallverhalten der abklingenden Exponentialfunktion, so dass das Abfallverhalten durch die Gaußapproximation nicht beeinflusst wird. Die Modellierung an verschiedenen Detektionsorten erfolgt durch die Faltung der Gauß-Funktion mit einer verschobenen Dirac-Funktion um die Zeit τ des lokalen Maximums des Wärmepulses:

$$h_\mathrm{F}(t-\tau) = \delta(t-\tau) * h_\mathrm{F}(t) \ . \tag{3.130}$$

In Abbildung 3.29 ist das Faltungsergebnis für einen verschobenen Gauß-Puls gezeigt. Es wird deutlich, dass sich das lokale Maximum des Faltungsergebnisses durch die rechtsseitig abklingende Exponentialfunktion nach rechts verschiebt. Je größer die Abfallzeitkonstante der Exponentialfunktion ist, desto größer ist die Verschiebung des lokalen Maximums nach rechts. Aus thermofluiddynamischer Sicht bedeutet dies, dass bei langsameren Geschwindigkeiten und größerer Temperaturleitfähigkeit das lokale Maximum zeitlich mehr nach rechts verschoben wird, als die Laufzeit das vorgibt. In Abbildung 3.30 wird das Blockschaltbild des gesamten TTOF-Strömungssensors gezeigt. Der Sensor wird mit einem sprunghaften Stromsignal angeregt. Am Hitzdraht selbst herrscht die Temperatur $\vartheta_\mathrm{HD}(t)$. Die Thermoelemente detektieren die Temperatur $\vartheta_\mathrm{TE,0}(t)$ am Hitzdraht und die Temperatur $\vartheta_\mathrm{TE,\Delta x}(t)$ an einem definierten Ort in Strömungsrichtung. Über den Seebeck-Koeffizienten α_s und einer Verstärkerschaltung gibt der Sensor die Thermospannung $u_\mathrm{TE,0}(t)$ bzw. $u_\mathrm{TE,\Delta x}(t)$ als Thermospannung aus.

SYSTEMTHEORIE ZU DER TTOF-MESSTECHNIK 75

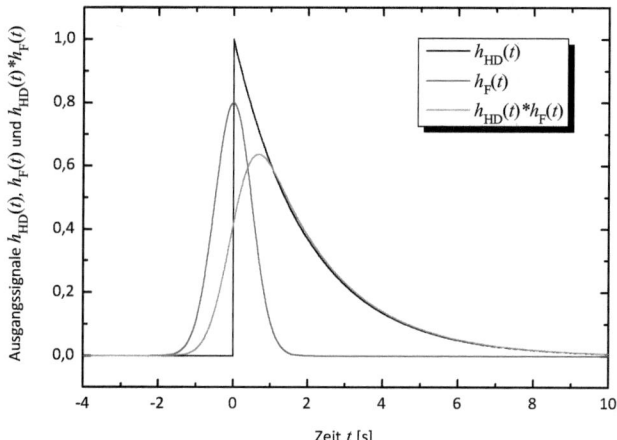

Abbildung 3.28: Faltung der beiden Impulsantworten $h_{HD}(t)*h_F(t)$ zur Illustration des Einflusses der abfallende Exponentialfunktion auf die abfallenden Gauß-Flanke.

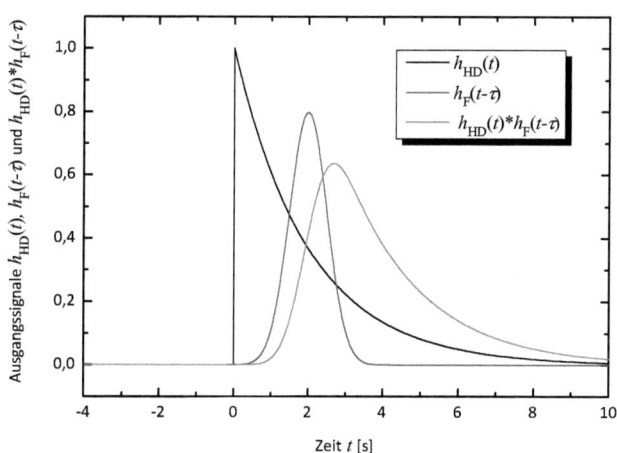

Abbildung 3.29: Faltung der Exponentialfunktion mit der durch eine um τ verschobenen Gauß-Funktion $h_{HD}(t)*h_F(t-\tau)$.

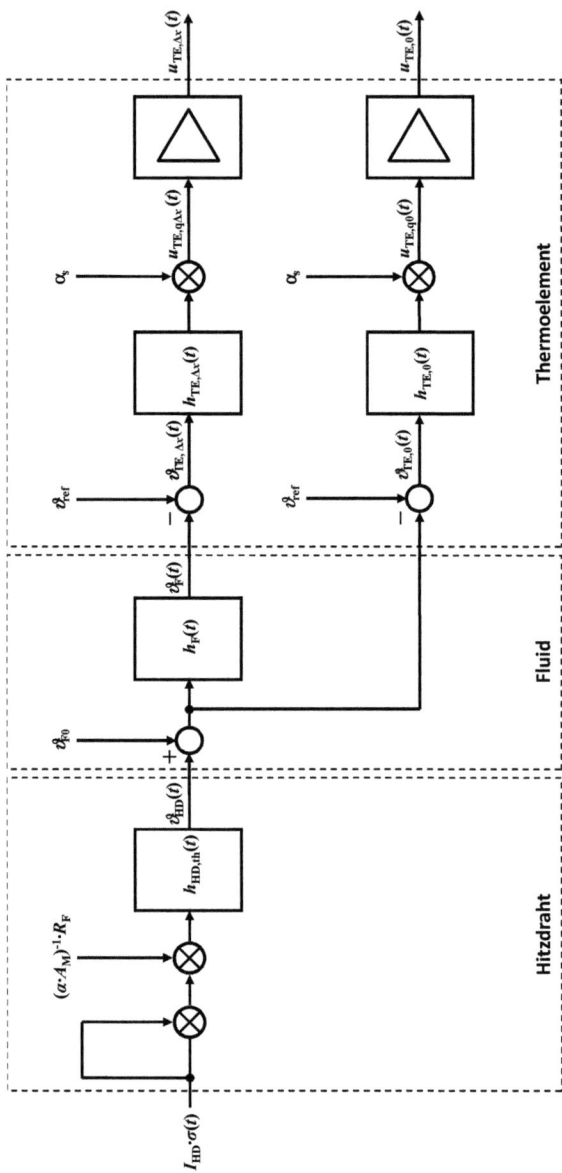

Abbildung 3.30: Blockschaltbild des TTOF-Strömungssensors für ein sprungförmiges Stromsignal am Hitzdraht.

3.7 Grenzen des TTOF-Messsystems

Eine Systemgrenze ist der Bereich der Strömungsgeschwindigkeit, die über die Reynolds-Zahl bestimmt wird. Für kleine Reynolds-Zahlen ist die Strömungsform laminar, für die eine kontinuierliche Schichtenströmung vorherrscht. Wird ein Wärmepuls in einer dieser Strömungsschichten gebildet, pflanzt es sich in dieser einen Fluidschicht ungestört fort. Bei einer turbulenten Strömungsform existieren keine festen Strömungsschichten mehr. Aufgrund der Verwirbelungen kommt es bei dieser Strömungsform zu einer Vermischung der benachbarten Fluidschichten, die zu einer Verschlechterung der Temperatursignale führt. Am Wärmeerzeugungsort des Hitzdrahts spielt dieser Effekt keine merkliche Rolle, da das Temperatursignal am Hitzdraht wesentlich von der Hitzdrahtcharakteristik bestimmt wird. Eine turbulente Umströmung des Hitzdrahts von dem Fluid verschlechtert nicht das Temperatursignal am Hitzdraht selbst bei ausreichender elektrischer Energiezufuhr. Der turbulente Effekt wird umso größer, je weiter stromabwärts die Temperatur vom Hitzdraht ermittelt wird. Neben der turbulenten Strömungsform, die sich in einer Rohrdurchströmung bildet, kommt es des Weiteren zur Entstehung einer Kármánschen Wirbelstraße bei einer Rohrumströmung. Diese Wirbelbildung in Strömungsrichtung unmittelbar hinter dem Hitzdraht verfälscht den am Hitzdraht erzeugten Wärmepuls in seiner Fortbewegung. Eine Weiterführung der LZI-Modellierung in einem turbulenten Strömungsbereich inklusive einer Wirbelentstehung am Hitzdraht ist aufgrund der mathematischen Beschreibung sehr aufwendig und wird hier nicht mehr verfolgt.

Die zweite Systemgrenze wird durch die diffusive Wärmeübertragung am Hitzdraht und den diffusiven Wärmetransport in der Strömung festgelegt. Dies ist insbesondere temperatur-, strömungs- und fluidabhängig, da der Anteil der Wärmediffusion an dem gesamten Wärmetransport nach Umgebungstemperatur, Strömungsgeschwindigkeit und Fluid variiert. Für Fluide mit einer ausgeprägten diffusiven Eigenschaft ist das Laufzeitverfahren bei kleinen Strömungsgeschwindigkeiten weniger geeignet.

4. Zeitdiskrete Signalverarbeitungsverfahren zur TTOF-Bestimmung

Nachdem die thermofluiddynamischen Signale aus dem kontinuierlichen LZI-System ausgegeben werden, können sie sowohl weiterhin kontinuierlich bzw. analog als auch zeit- und wertdiskret bzw. digital verarbeitet werden. Im Allgemeinen wird unter Signalverarbeitung jede Modifikation, wie u.a. Verstärkung, Dämpfung, Normierung, Filterung, Modulation, Interpolation, Offsetbereinigung, Faltung, Korrelation usw., eines Signals als Eingang in eine Signalverarbeitungseinheit verstanden [Smi-03]. In diesem Abschnitt werden die Verfahren der zeitdiskreten Signalverarbeitung für das Strömungssensorsystem vorgestellt, die zum einen zur Optimierung der erfassten Signale als Signalkonditionierung und zum anderen zur Laufzeitermittlung angewendet werden [Cat-00]. Digitale Signalverarbeitung (DSP: Digital Signal Processing) bietet gegenüber zeitkontinuierlicher Signalverarbeitung besondere Vorteile bei der Flexibilität und Programmierbarkeit, der störungsfreien Signalübertragung, der Zuverlässigkeit und Reproduzierbarkeit, der schnellen Durchführbarkeit mit DSP-Simulationstools, der einfachen Modifizierung der Verfahren und der leichten Umsetzung in eine DSP-Software.

Bevor auf die zeitdiskreten Signalverarbeitungsverfahren für das Strömungssensorsystem eingegangen wird, werden zunächst einige für diese Arbeit relevante Gleichungen aus dem zeitkontinuierlichen Bereich vorgestellt, die mit einer entsprechenden Transformation in zeitdiskrete Gleichungen übergehen. Jedes Signal besitzt eine Energie W_{el}, die über die Beziehung der elektrischen Energie:

$$W_{el} = \int_{t_1}^{t_2} u(t) \cdot i(t)\, dt = \frac{1}{R} \int_{t_1}^{t_2} u(t)^2\, dt, \qquad (4.1)$$

als Integral in einem Zeitintervall t_1 bis t_2 über eine quadrierte Zeitfunktion dargestellt werden kann [Ohm-07]. Die mittlere Signalenergie W_s kann somit auf diesem Wege bestimmt werden. Ein Signal wird als Energiesignal bezeichnet, wenn generell für eine dimensionslose Zeitfunktion $x(t)$ gilt:

$$W_s = \int_{-\infty}^{\infty} x(t)^2 \, dt < \infty.$$ (4.2)

Das Integral lässt sich nur für Signalformen berechnen, die nach der Zeit beidseitig gegen Null konvergieren. Folglich besitzen Energiesignale eine endliche Energie und sind energiebegrenzt. Für periodische Signalformen, Sprungfunktionen und stochastische Signale konvergiert das Integral aus Gleichung (4.2) nicht, und es wird anstatt einer endlichen Energie eine endliche Leistung für leistungsbegrenzte Signale bzw. Leistungssignale definiert, deren mittlere Leistung P_s formuliert wird mit:

$$P_s = \lim_{T \to \infty} \cdot \frac{1}{2 \cdot T} \cdot \int_{-T}^{T} x(t)^2 \, dt.$$ (4.3)

4.1 Korrelation im Zeitbereich

Bei der Laufzeitbestimmung wird das Korrelationsverfahren für Energiesignale angewendet, die als impulsförmige Temperatursignale dargestellt werden. Die Korrelationsfunktion zweier Signale, sowohl Energie- als auch Leistungssignale, gibt Aufschluss über die Übereinstimmung bei einer zeitlichen Verschiebung τ des einen zu korrelierenden Signals über die gesamte Signallänge des anderen am Korrelationsvorgang beteiligten Signals und ist daher ein Maß für die Ähnlichkeit der Signale zu jedem verschobenen Zeitpunkt [Hof-98], [Grü-08]. Wird ein Signal mit sich selber korreliert, also verglichen, ist von der Autokorrelation die Rede, die als Ergebnis eine von der zeitlichen Verschiebung abhängige Autokorrelationsfunktion hat. Für deterministische Energiesignale wird die Autokorrelationsfunktion $R(\tau)_{xx}^E$ über folgende Integraloperation eingeführt:

$$R(\tau)_{xx}^E = \int_{-\infty}^{\infty} x(t) \cdot x(t + \tau) \, dt.$$ (4.4)

Die Autokorrelationsfunktion eines beispielsweise stochastischen Signals zeigt demzufolge exakt bei $\tau = 0$ einen Maximalwert entsprechend der besten zeitlichen Übereinstimmung des Signals mit sich selbst, während sie für alle anderen Werte $\tau \neq 0$ gar keine Übereinstimmung zeigt. Werden nun zwei unterschiedliche Signale $x(t)$ und $y(t)$ korreliert, resultiert dies in einer

Kreuzkorrelationsfunktion. Die Kreuzkorrelationsfunktion $R(\tau)^{E}_{xy}$ für Energiesignale lautet entsprechend:

$$R(\tau)^{E}_{xy} = \int_{-\infty}^{\infty} x(t) \cdot y(t+\tau) dt \,. \tag{4.5}$$

Als Nächstes werden die Signale für die digitale Weiterverarbeitung durch Abtastung diskretisiert. Für eine fehlerfreie Diskretisierung bzw. Rekonstruktion eines analogen Nutzsignals mit einer Signalfrequenz von f_a muss das Abtasttheorem von Nyquist eingehalten werden, welches besagt, dass ein analoges bandbegrenztes Signal mit mindestens seiner doppelten analogen Signalfrequenz f_a abgetastet werden muss:

$$f_s \geq 2 \cdot f_a, \tag{4.6}$$

wobei f_s die Abtastfrequenz des zeltdiskreten Signals darstellt. Die analoge Grenzfrequenz für $f_a = f_s/2$ wird als die Nyquist-Frequenz bezeichnet. Die Abtastfrequenz gibt die Anzahl der diskretisierten Werte des Signals innerhalb einer Sekunde an und entspricht dem Kehrwert des zeitlich äquidistanten Abtastintervalls Δt_s zwischen zwei Werten:

$$f_s = \frac{1}{\Delta t_s} \,. \tag{4.7}$$

Im Zeitbereich geht ein zeitkontinuierliches Signal $x(t)$ durch das Abtastintervall in ein zeitdiskretes Signal $x[n]$ über:

$$x(t) \rightarrow x[n \cdot \Delta t_s], \tag{4.8}$$

wobei n als eine Menge der ganzen Zahlen der zeitdiskrete Index bzw. Signalfolgenparameter ist. Streng genommen ist das abgetastete Signal nun keine Signalfunktion mehr sondern eine Signalfolge. Gemäß diesen Überlegungen wird die kontinuierliche Faltung aus Gleichung (3.11) unter Berücksichtigung des Abtastintervalls im Zeitbereich Δt_s in eine diskrete Faltung übergehen:

$$y[n \cdot \Delta t_s] = \sum_{m=0}^{N-1} x[m \cdot \Delta t_s] \cdot h[(n-m) \cdot \Delta t_s], \tag{4.9}$$

mit m als der zeitdiskrete Verschiebungsindex analog zur zeitkontinuierlichen Verschiebung τ und N als die Anzahl der Abtastwerte der beiden diskreten Folgen $x[k \cdot \Delta t_s]$ und $h[k \cdot \Delta t_s]$. Damit das Resultat der zeitdiskreten Faltung dieselbe Skalierung wie die zeitkontinuierliche Faltung aufweist, muss die

4.2 KORRELATION IM FREQUENZBEREICH

Summenfolge aus Gleichung (4.9) mit dem Abtastintervall Δt_s entsprechend der Integrationsvariablen $d\tau$ multipliziert werden.

In ähnlicher Weise wie das diskrete Faltungsprodukt kann die diskrete Kreuzkorrelationsfolge entsprechend Gleichung (4.5) beschrieben werden:

$$R_{xy}[m \cdot \Delta t_s] = \sum_{m=-(N-1)}^{N-1} x[n \cdot \Delta t_s] \cdot y[(n+m) \cdot \Delta t_s]. \tag{4.10}$$

Bei der Korrelation durchläuft die zeitlich zu verschiebende Signalsequenz komplett die zeitlich feste Signalsequenz. Die Korrelationssequenz hat bei gleicher Sequenzlänge N der beiden korrelierten Signale eine Länge von $2 \cdot N-1$. Neben der Korrelation im Zeitbereich ist eine Durchführung der Korrelation durch die Fourier-Transformation im Frequenzbereich ebenfalls möglich. Dadurch wird eine insbesondere bei der Anwendung der schnellen Fourier-Transformation (FFT: Fast Fourier Transformation) viel effizientere Auswertung und Berechnung der Korrelationsfunktion bewerkstelligt werden können. Diese wird im kommenden Abschnitt beschrieben.

4.2 KORRELATION IM FREQUENZBEREICH

Damit ein Signal im Frequenzraum mit sich selbst oder einem zweiten Signal korreliert werden kann, muss zunächst das Signal mit Hilfe der Fourier-Transformation vom Zeitbereich in den Frequenzbereich überführt werden. Die Integraltransformation zu diesem Vorgang wird beschrieben durch das Fourier-Integral:

$$X_{FT}(f) = \int_{-\infty}^{\infty} x(t) \cdot e^{-j \cdot 2 \cdot \pi \cdot f \cdot t} dt, \tag{4.11}$$

wobei $X_{FT}(f)$ die kontinuierliche Fourier-Transformierte von dem Signal $x(t)$ und eine komplexwertige Funktion aus einem Real- Re$\{X_{FT}(f)\}$ und Imaginärteil Im$\{X_{FT}(f)\}$ ist. Für die Rücktransformation aus dem Frequenzbereich in den Zeitbereich wird von der inversen Fourier-Transformation Gebrauch gemacht gemäß:

$$x_{IFT}(t) = \frac{1}{2 \cdot \pi} \int_{-\infty}^{\infty} X(f) \cdot e^{j \cdot 2 \cdot \pi \cdot f \cdot t} df, \tag{4.12}$$

mit $x_{\text{IFT}}(t)$ als die inverse Fourier-Transformierte von $X_{\text{FT}}(f)$. Betrachtet man im Zeitbereich ein endliches diskretes Signal mit N Abtastwerten, so hat dieses ebenfalls ein diskretes Spektrum aufzuweisen. Entsprechend der Diskretisierung im Zeitbereich aus Gleichung (4.8) wird aus der analogen Frequenz f eine digitale Frequenz mit dem frequenzdiskreten Index k zu:

$$f \to k \cdot \Delta f_s = \frac{k}{N \cdot \Delta t_s}, \qquad (4.13)$$

und bei Normierung auf die Abtastfrequenz f_s sich die digitale Kreisfrequenz Ω für $0 \leq \Omega \leq 2\cdot\pi$ ergibt mit [Fre-04], [Gir-07]:

$$\Omega = \frac{2 \cdot \pi \cdot \Delta f_s \cdot k}{f_s} = \frac{2 \cdot \pi \cdot k}{N}, \qquad (4.14)$$

wobei das Abtastintervall im Frequenzbereich bzw. der Abstand der spektralen Linienbreiten Δf_s beschrieben wird durch:

$$\Delta f_s = \frac{1}{N \cdot \Delta t_s} = \frac{1}{T_p}, \qquad (4.15)$$

und umgekehrt proportional der periodischen Zeitdauer T_p des betrachteten Signals entspricht. Jede Linienbreite im diskreten Fourier-Spektrum ist durch die periodische Fortsetzung des betrachteten Signalausschnitts entstanden, so dass für den spektralen Linienabstand der Signalausschnitt genau einem vollen Umlauf gemäß $\Omega = (2\cdot\pi)/N$ entspricht.

Substituiert man nun die Übergänge aus Gleichung (4.13) und (4.15) in das kontinuierliche Fourier-Transformationspaar aus (4.11) und (4.12), so erhält man das Transformationspaar für die Diskrete Fourier-Transformation (DFT) mit der Hintransformation [Hof-05]:

$$X_{\text{DFT}}[k \cdot \Delta f_s] = \Delta t_s \cdot \sum_{n=0}^{N-1} x[n \cdot \Delta t_s] \cdot e^{-j\frac{2\cdot\pi\cdot k\cdot n}{N}}, \qquad (4.16)$$

und der Rücktransformation durch die inverse DFT:

$$x_{\text{IDFT}}[n \cdot \Delta t_s] = \Delta f_s \cdot \sum_{n=0}^{N-1} X_{\text{DFT}}[k \cdot \Delta f_s] \cdot e^{j\frac{2\cdot\pi\cdot k\cdot n}{N}}. \qquad (4.17)$$

Das exakte Ergebnis der diskreten Korrelationsfolge aus dem direkten Zeitbereich erreicht man im Spektralbereich durch die Multiplikation der Folge

$X(\Omega)$ mit der komplex Konjugierten der Folge $Y^*(\Omega)$ und der Rücktransformation des Produkts in den Zeitbereich:

$$R_{xy}[m \cdot \Delta t_s] = \mathrm{IDFT}\{X(\Omega) \cdot Y^*(\Omega)\}. \tag{4.18}$$

Die Durchführung der Korrelation im Frequenzbereich kann mit der Anwendung der schnellen Fourier-Transformation (FFT) recheneffizienter erfolgen. Mit größer werdender Abtastfrequenz steigt auch die Anzahl der Abtastwerte, und folglich nimmt die Anzahl der arithmetischen Operationen zu. Der FFT-Algorithmus ist nach James Cooley und John W. Tukey entworfen [Ram-85]. Dazu bedarf es einer Signallänge N_{FFT}, die sich aus einer Potenz zur Basis zwei bilden muss. Somit existieren zwei Korrelationsverfahren, die sich hinsichtlich ihrer Rechenintensivität unterscheiden: das direkte Verfahren im Zeitbereich (DDT: Direct Discrete Time Correlation) und das indirekte Verfahren über den Frequenzbereich (FFT Correlation) [Bor-68].

4.3 Laufzeitbestimmung über Korrelation

Die Korrelationsmethode eignet sich für die Laufzeitbestimmung von phasenverschobenen Signalen, weil die Korrelationsfunktion bzw. –folge die Laufzeit über die zeitliche Position des lokalen Maximums definiert. Bevor das Korrelationsverfahren korrekt angewendet werden kann, müssen die Signale ggf. dementsprechend aufbereitet bzw. konditioniert werden. Des Weiteren ist bei der Korrelation im Frequenzbereich auf die Signallänge zu achten. Auf diese Punkte werden in diesem Abschnitt näher eingegangen.

In den gemessen thermofluiddynamischen Signalen ist als Gleichanteil die Umgebungstemperatur des Fluids enthalten. Das zu korrelierende Signal $x[n \cdot \Delta t_s]$ besteht nun aus einer Überlagerung eines konstanten Gleichanteils x_{DC} und einer zeitabhängigen Folge $x'[n \cdot \Delta t_s]$:

$$x[n \cdot \Delta t_s] = x_{DC} + x'[n \cdot \Delta t_s]. \tag{4.19}$$

Daraus ergibt sich für die Autokorrelationsfolge in entsprechender Weise wie in Gleichung (4.10):

$$R_{xy}[m \cdot \Delta t_s] = \sum_{m=-(N-1)}^{N-1}(x_{DC} + x'[n \cdot \Delta t_s]) \cdot (x_{DC} + x'[(n+m) \cdot \Delta t_s]). \tag{4.20}$$

Aus Gleichung (4.20) ist ersichtlich, dass der Gleichanteil bei jeder Multiplikation und durch die kumulative Addition in die Korrelationsfolge mit eingeht. Den Gleichanteil kann man sich mit einer überlagerten Rechteckfunktion für den betrachteten Signalabschnitt veranschaulichen. Die Faltung oder Korrelation von zwei Rechtecksignalen führt zu einem Dreiecksignal, welches abhängig vom absoluten Wert des Gleichanteils die Korrelationsfolge maßgeblich charakterisiert. Der zeitabhängige Anteil des Gesamtsignals geht in der Korrelationsfolge verloren. Prinzipiell ist die Bereinigung des Signaloffsets eine Voraussetzung für die Korrelationsmethode sowohl im Zeitbereich über DDT als auch im Frequenzbereich über FFT.

Bei der FFT-Methode ist zusätzlich ein weiterer wichtiger Aspekt der Signalkonditionierung zu berücksichtigen. Da sich die Signallänge bei der Transformation in den Spektralbereich entsprechend Gleichung (4.16) nicht ändert, wird auch die Multiplikation im Frequenzbereich und die Rücktransformation in den Zeitbereich stets die gleiche Signallänge aufzeigen. Jedoch benötigt die Korrelation eine Signallänge von $2 \cdot N-1$, um den Korrelationsvorgang vorschriftsmäßig durchzuführen. Dazu wird das Signal bereits im Zeitbereich absichtlich verlängert. Dies geschieht durch das Auffüllen des Signals mit Nullen, welches als Zero-Padding bekannt ist, bis eine für die Korrelation konforme Signallänge erreicht ist. Gleichzeitig muss das Signal die richtige Länge für den FFT-Algorithmus haben. Damit ergibt sich für die FFT-Korrelation eine Signallänge von:

$$N_{FFT} = 2^p \geq 2 \cdot N - 1. \tag{4.21}$$

Der Exponent p muss so gewählt werden, dass die FFT-Länge mindestens der doppelten Signallänge und einer Potenz zur Basis zwei genügt. Das durch Zero-Padding aufbereitete Signal $x_{zp}[n \cdot \Delta t_s]$ wird somit wie folgt beschrieben:

$$x_{zp}[n \cdot \Delta t_s] = \begin{cases} x_{zp}[n \cdot \Delta t_s], & 0 \leq n \leq N-1 \\ 0, & N \leq n \leq N_{FFT} - 1. \end{cases} \tag{4.22}$$

Die FFT-Korrelation wird bei einer Außerachtlassung des Zero-Paddings zu einer zyklischen bzw. zirkularen Korrelation, bei der die unzulängliche Korrelationssequenz periodisch gezwungen wird, in ihre Nachbarsequenzen zu übergehen. Die eigentliche Korrelationssequenz überdeckt damit mehrere Sequenzen, obwohl ihr nur eine zusteht. Beachtet man das Zero-Padding bei der

FFT-Korrelation, wird eine lineare Korrelation gemäß Gleichung (4.10) durchgeführt.

Abbildung 4.1 zeigt die Korrelationsmesstechnik sowohl im Ortsbereich als auch im Zeitbereich. Gemessen wird mit zwei Sensoren an zwei bekannten Detektionsorten x_1 und x_2. Der Übertragungskanal sorgt für den örtlichen Transportvorgang in x-Richtung durch advektive und diffusive Wärmeübertragung [Eng-11]. Im Zeitbereich kann man an den entsprechenden Detektionsorten zwei Signale $x(t)$ und $y(t)$ zu den Zeiten τ_1 und τ_2 aufnehmen, wobei das Signal $y(t)$ durch den Übertragungskanal um eine Laufzeit τ_{TOF} zeitlich verschoben wird. Die relative zeitliche Lage der lokalen Maxima zueinander aus dem Zeitbereich ist in der Auto- (AKF) und Kreuzkorrelationsfunktion (KKF) wiederzuerkennen. Eine zeitliche Verschiebung im Zeitbereich nach rechts, bedeutet eine zeitliche Verschiebung der Korrelationsfunktion nach links.

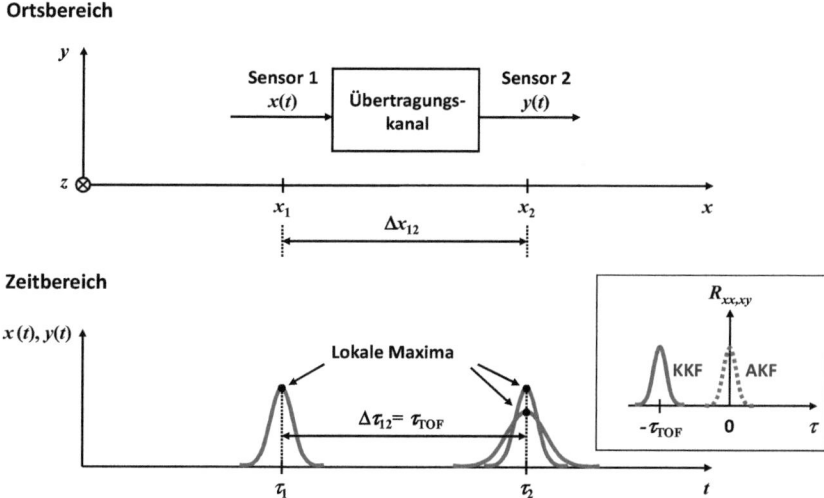

Abbildung 4.1:   Laufzeitbestimmung über Korrelationsmesstechnik im Ortsbereich (oben) und im Zeitbereich (unten).

Aus Gleichung (3.99) können die Verschiebungen bestimmt werden, und es ergibt sich für die Laufzeit τ_{TOF}:

$$\tau_{TOF} = \tau_1 - \tau_2 = \frac{1}{u_x} \cdot \left[x_1 \cdot \sqrt{\frac{a^2}{x_1^2 \cdot u_x^2} + 1} - x_2 \cdot \sqrt{\frac{a^2}{x_2^2 \cdot u_x^2} + 1} \right], \quad (4.23)$$

für den Fall, dass die Temperaturleitfähigkeit $a \neq 0$ ist. Die advektive Laufzeit kann bestimmt werden, wenn $x_1 \cdot u_x \gg a$ und $x_2 \cdot u_x \gg a$ gelten:

$$\tau_{TOF,adv} = \frac{x_1 - x_2}{u_x}. \quad (4.24)$$

Somit wird die Strömungsgeschwindigkeit u_x zu:

$$u_x = \frac{x_1 - x_2}{\tau_{TOF,adv}}. \quad (4.25)$$

Der chronologische Ablauf der Laufzeitbestimmung nach dem Korrelationsverfahren durch DDT und FFT ist in Abbildung 4.2 dargestellt. Abbildung 4.3 und Abbildung 4.4 zeigen jeweils das Simulink-Modell der DDT- und FFT-Korrelation.

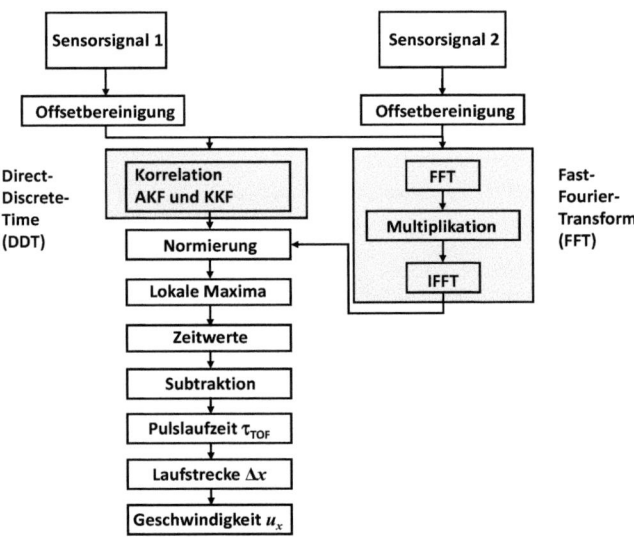

Abbildung 4.2:   *Ablauf der Laufzeitbestimmung über das Korrelationsverfahren.*

Zeitdiskrete Signalverarbeitungsverfahren zur TTOF-Bestimmung

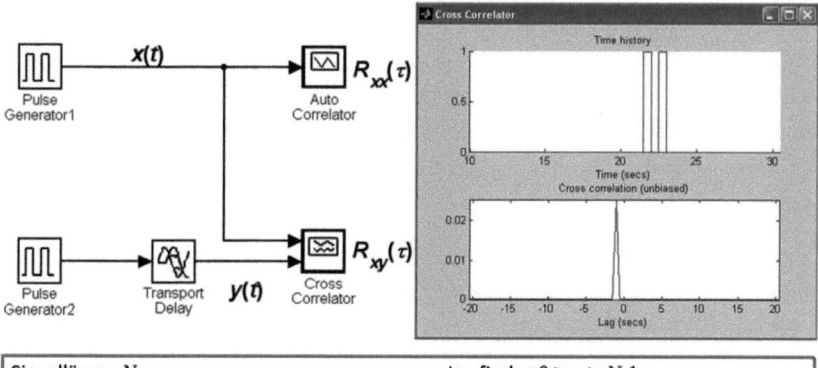

Signallänge: N	Laufindex $0 \geq n \geq N-1$
Länge der Korrelationsfunktion: $2 \cdot N-1$	Laufindex $-(N-1) \geq m \geq N-1$

Abbildung 4.3: Simulink-Modell der direkten zeitdiskreten DDT-Korrelation (Direct Discrete Time Correlation) im Zeitbereich.

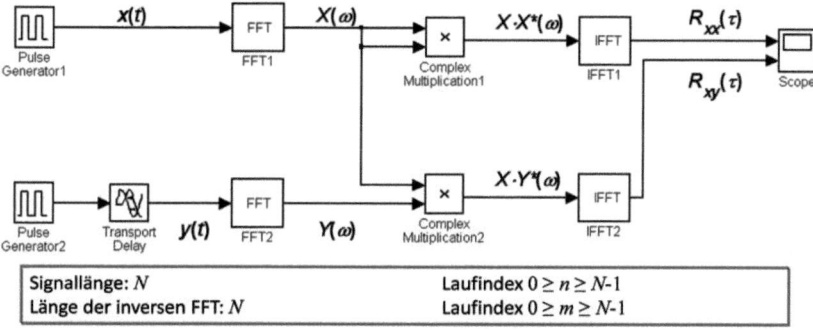

Signallänge: N	Laufindex $0 \geq n \geq N-1$
Länge der inversen FFT: N	Laufindex $0 \geq m \geq N-1$

Abbildung 4.4: Simulink-Modell der zeitdiskreten FFT-Korrelation (Fast Fourier Transform Correlation) im Frequenzbereich.

4.4 Dekonvolution

Eine Faltungsoperation kann auch störend sein, wenn das Ausgangssignal aus der Faltungsoperation manipuliert wird. Wie bereits in den Abbildungen 3.28 und 3.29 dargestellt ist, verursacht die abfallende Zeitkonstante des Hitzdrahtsignals eine ungewollte zeitliche Verschiebung des Wärmepulses. Das Hitzdrahtsignal stellt eine Störfaltung dar, die in diesem Abschnitt durch ein inverses Filter entstört werden soll. Der Vorgang der inversen Filterung nennt sich Dekonvolution bzw. Entfaltung. Dadurch wird das Hitzdrahtsignal entfaltet und man erhält am Ausgang des Filters den ursprünglichen Wärmepuls. In Abbildung 4.5 ist die Faltungsoperation in der Wärmeströmung gezeigt, bei der am Eingang das thermofluiddynamische Hitzdrahtsignal am Thermoelement 0 $\vartheta_{TE,0}(t)$ anliegt. Am Ausgang ergibt sich das Signal am Thermoelement 1 $\vartheta_{TE,1}(t)$ über die Faltung mit der Impulsantwort $h_{F,01}(t)$ der Wärmeströmung:

$$\vartheta_{TE,0}(t) * h_{F,01}(t) = \vartheta_{TE,1}(t). \tag{4.26}$$

Im Frequenzbereich entspricht diese Faltung einer Multiplikation des Eingangssignals mit der Übertragungsfunktion:

$$\mathcal{F}\{\vartheta_{TE,0}(t)\} \cdot \mathcal{F}\{h_{F,01}(t)\} = \mathcal{F}\{\vartheta_{TE,1}(t)\} \tag{4.27}$$

$$= \Theta_{TE,0}(f) \cdot H_{F,01}(f) = \Theta_{TE,1}(f), \tag{4.28}$$

wobei $\Theta_{TE,0}(f)$ und $\Theta_{TE,1}(f)$ die Fourier-Transformierten der thermofluiddynamischen Signale $\vartheta_{TE,0}(t)$ und $\vartheta_{TE,1}(t)$ darstellen.

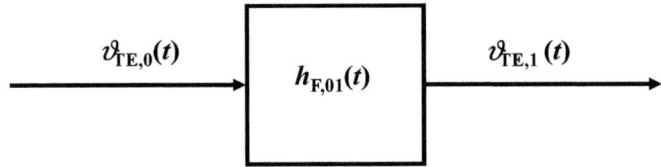

Abbildung 4.5: Faltungsoperation zwischen dem Temperatursignal des Hitzdrahts $\vartheta_{TE,0}(t)$ am Eingang und dem Übertragungssystem der Wärmeströmung $h_{F,01}(t)$ für eine Laufstrecke von TE,0 zu TE,1.

Aus dem bekannten Eingangs- und Ausgangssignal kann das inverse Filter durch die Division im Frequenzbereich folgendermaßen konstruiert werden:

$$H_{F,01}(f) = \frac{\Theta_{TE,1}(f)}{\Theta_{TE,0}(f)}. \tag{4.29}$$

Die Rücktransformation des Dekonvolutionsfilters erbringt die Impulsantwort der Wärmeströmung für den entsprechenden Messbereich von Thermoelement 0 bis Thermoelement 1 mit:

$$h_{F,01}(t) = \mathcal{F}^{-1}\left\{\frac{\Theta_{TE,1}(f)}{\Theta_{TE,0}(f)}\right\}. \qquad (4.30)$$

In Abbildung 4.6 ist der Dekonvolutionsprozess dargestellt. Das Anregungssignal (oben) am Hitzdraht wird durch das inverse Filter übertragen, dessen Impulsantwort in der Abbildung 4.6 (Mitte) gemäß Gleichung (4.30) beschrieben wird. Das Ausgangssignal des Filters (unten) ist mit dem bereits bekannten Ausgangssignal identisch. Bei diesem Beispiel handelt es sich um eine Exponentialfunktion am Eingang, die durch einen Dirac-Impuls sowohl einer Dämpfung als auch einer zeitlichen Verschiebung unterliegt. Die zeitliche Verschiebung des Dirac-Impulses beträgt 2 s, die aus der Impulsantwort des inversen Filters deutlich zu erkennen sind. Der direkte Vergleich der zeitlichen Verschiebung zwischen dem Eingangs- und dem Ausgangssignal führt zu einem größeren Wert von 2,214 s.

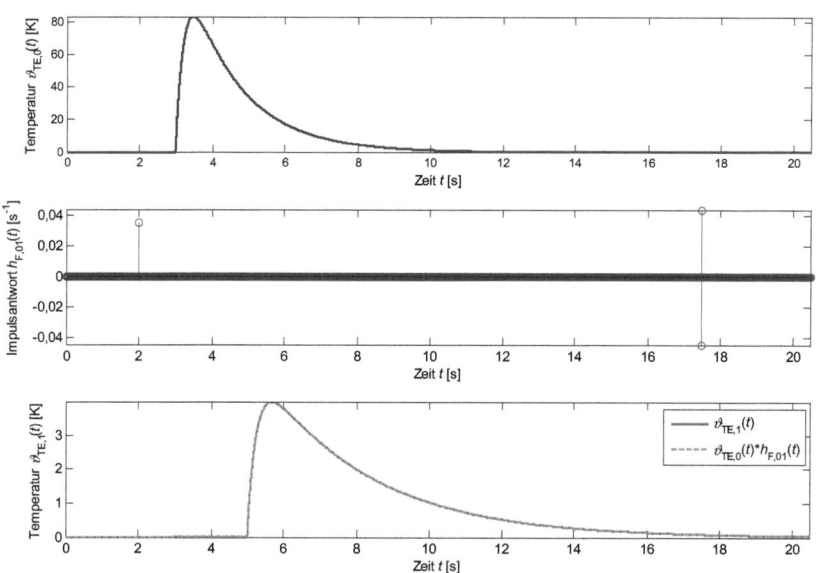

Abbildung 4.6: Beispielhaftes Verhalten eines inversen Filters bei Anlegen eines exponentiellen Anregungssignals (oben), entfaltete Impulsantwort (Mitte) und Vergleich der Ausgangssignale (unten).

5. Rauschen

Damit die thermofluiddynamischen Signale nicht durch Störsignale überdeckt und somit im messtechnischen Sinne übersehen werden, müssen sie unbedingt eine gewisse Leistung aufbringen, die mindestens größer gleich der durch die Störung hervorgerufenen Leistung entspricht. Jede untere Signalgrenze eines Übertragungssystems wird durch einen Anteil eines stochastischen Störsignals bestimmt, welches sich mit dem deterministischen Nutzsignal überlagert. Elektronisches Rauschen bestimmt durch statistische Schwankungen den stochastischen Anteil eines jeden Signals und hat verschiedene physikalische Ursachen. Daraus lässt sich Rauschen in verschiedene Arten unterteilen und charakterisieren [Sch-78]. In diesem Abschnitt wird das Rauschverhalten des Sensorsystems hinsichtlich der erforderlichen Mindestleistung der Nutzsignale in Abhängigkeit der Strömungsgeschwindigkeit und Wärmepulslaufstrecke untersucht. Dabei werden die einzelnen Anteile für den Hitzdraht, das Fluidgebiet, das Thermoelement und den Verstärker getrennt behandelt.

Das Rauschen eines Messsystems wird mit dem Nutzsignal ins Verhältnis gesetzt, welches über die Leistungen angegeben wird:

$$\mathrm{SNR} = \frac{P_\mathrm{s}}{P_\mathrm{n}}. \tag{5.1}$$

Gleichung (5.1) stellt das Signal-Rausch-Verhältnis (SNR: Signal-to-Noise Ratio) dar und beschreibt das Verhältnis der Signalleistung P_s zu der Rauschleistung P_n bzw. das Verhältnis über das Quadrat der Effektivwerte $(U_\mathrm{s})^2$ und $(U_\mathrm{n})^2$. Der Effektivwert U_n eines Rauschspannungssignals $u_\mathrm{n}(t)$ für thermisches Rauschen wird gegeben durch:

$$U_\mathrm{n} = \sqrt{4 \cdot \mathrm{k} \cdot T \cdot R \cdot \Delta f}, \tag{5.2}$$

wobei k die Boltzmann-Konstante, T die absolute Temperatur, R der Widerstand und Δf die Rauschbandbreite sind. Thermisches Rauschen, auch als Johnson-Rauschen, Nyquist-Rauschen und Weißes Gaußsches Rauschen bekannt, besitzt eine über der Zeit gaußförmige Amplitudenverteilung. Abbildung 5.1 zeigt ein normalverteiltes Rauschspannungssignal $u_\mathrm{n}(t)$. Die Anzahl der Rauschquellen in dem Strömungssensorsystem wird durch den Hitzdraht, das Fluid und die Anzahl der eingesetzten Thermoelemente sowie zusätzlich ihrer Verstärker bestimmt.

Sowohl für den Hitzdraht als auch für das Thermoelement wird die Rauschcharakteristik aus Abbildung 5.1 angewendet. Jedes der Rauschspannungssignale $u_n(t)$ ist unabhängig voneinander; sie repräsentieren stationäre und unkorrelierte Rauschquellen, die wahrscheinlichkeitstheoretisch auf stochastischen Zufallsprozessen basieren. Stationäre Zufallsprozesse sind unabhängig von der Zeit und zeigen für jeden Zeitpunkt t gleiche parametrische Eigenschaften wie lineare Mittelwerte, Standardabweichungen und Wahrscheinlichkeitsdichtefunktionen [Hän-97]. Die Bestimmung dieser Eigenschaften kann sowohl über eine Zeitmittelung innerhalb eines Signals als auch über eine Scharmittelung über mehrere Signale eines stationären Prozesses erfolgen, welcher bei Übereinstimmung beider Mittelungsverfahren als ergodisch bezeichnet wird. Im Folgenden werden stochastische Signale von einem stationären ergodischen Zufallsprozess betrachtet.

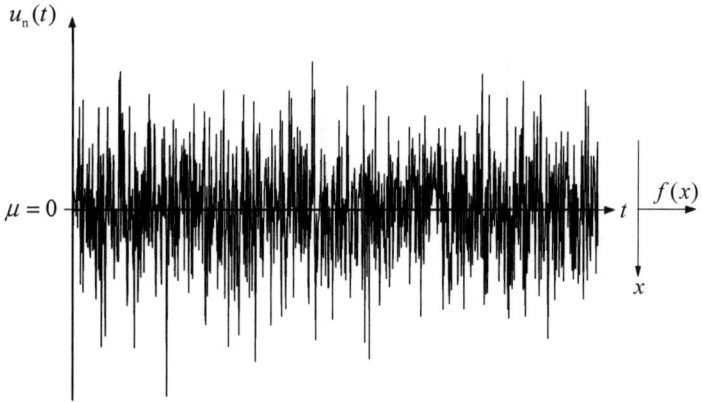

Abbildung 5.1:   Weißes Gaußsches Rauschspannungssignal $u_n(t)$ im Zeitbereich mit einem Mittelwert von Null.

Trägt man die Amplitudenwerte als Streuung um den Mittelwert für jeden beliebigen Zeitpunkt auf, so erhält man repräsentativ für alle Zeitpunkte die Wahrscheinlichkeitsdichtefunktion. Abbildung 5.2 zeigt die Normalverteilung der Wahrscheinlichkeitsdichtefunktion vom thermischen Rauschen in Form einer Gauß-Glocke. Die kontinuierliche Wahrscheinlichkeitsdichtefunktion $f(x)$ wird beschrieben durch:

$$f(x) = \frac{1}{\sigma \cdot \sqrt{2 \cdot \pi}} \cdot e^{-\frac{(x-\mu)^2}{2 \cdot \sigma^2}}, \quad (5.3)$$

und lässt sich durch μ, den linearen Mittelwert bzw. Erwartungswert der Verteilung, und σ, die Standardabweichung (auch RMS-Wert: Root Mean Square) als ein Maß für die Abweichung der statistischen Werte um den Mittelwert μ, vollständig beschreiben. Die Standardabweichung erhält man über die Quadratwurzel des quadratischen Mittelwertes:

$$\sigma = \sqrt{\frac{1}{T_m} \int_0^\infty u_n(t)^2 \, dt}, \quad (5.4)$$

mit T_m als die Dauer des Messbereichs. Die Wahrscheinlichkeitsdichtefunktion $f(x)$ hat einen Flächeninhalt von eins:

$$\int_{-\infty}^{\infty} f(x) \, dx = 1, \quad (5.5)$$

und befolgt außerdem die Eigenschaften für die Grenzfälle $f_x(\infty) = f_x(-\infty) = 0$ und $f_x(x) \geq 0$. Beispielsweise beträgt für das Auftreten des Mittelwerts die Wahrscheinlichkeit zu jedem Zeitpunkt 0 %. Dagegen sind im Bereich von μ-σ bis μ-σ 68,27 % aller Werte zu finden. Zeitdiskrete Dichtefunktionen werden durch die Häufigkeitsdichte erstellt.

Der Effektivwert eines sowohl deterministischen als auch stochastischen Spannungssignals wird beschrieben durch:

$$U_{RMS} = U_{eff} = \sqrt{\frac{1}{T} \int_0^\infty u_n(t)^2 \, dt} = \sqrt{\overline{u_n(t)^2}} = \sigma. \quad (5.6)$$

Die Leistung des Rauschspannungssignals ergibt sich durch die Quadrierung der Standardabweichung und ist die Varianz σ^2. Die Standardabweichung entspricht dem Effektivwert der Rauschspannung $u_n(t)$ oder allgemein eines Rauschsignals $n(t)$ und kann ebenfalls über die Autokorrelationsfunktion $R_{nn}(\tau)$ bestimmt werden:

$$R_{nn}(\tau) = \lim_{T_m \to \infty} \cdot \frac{1}{T_m} \int_0^\infty n(t) \cdot n(t+\tau) \, dt, \quad (5.7)$$

wobei diese für $R_{nn}(\tau = 0)$ der Varianz σ^2 entspricht.

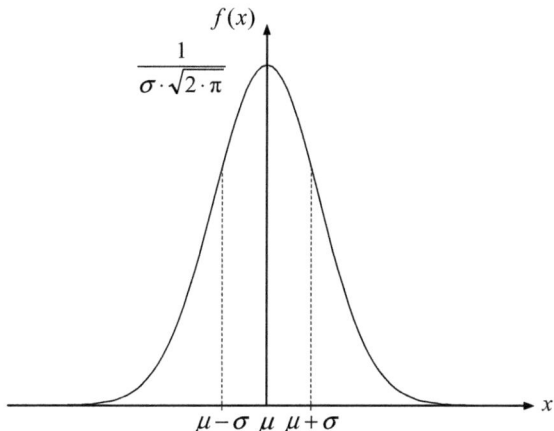

Abbildung 5.2: *Normalverteilung der Wahrscheinlichkeitsdichtefunktion vom thermischen Rauschen in Form einer Gauß-Glocke.*

In Abbildung 5.3 ist die Autokorrelationsfunktion des mittelwertfreien Rauschsignals aus Abbildung 5.1 dargestellt, wobei die Rauschleistung aus dieser Funktion zum Zeitpunkt $\tau = 0$ ermittelt werden kann.

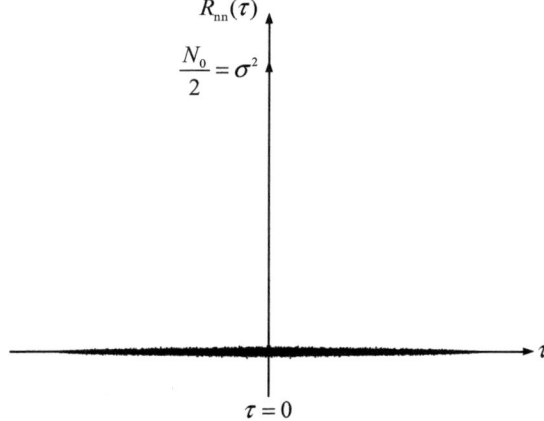

Abbildung 5.3: *Autokorrelationsfunktion des mittelwertfreien Rauschsignals aus Abbildung 5.2.*

Für ein stochastisches LZI-System wird im Zeitbereich der Zusammenhang zwischen der Eingangs- und der Ausgangsleistung durch die Autokorrelationsfunktionen der Rauschsignale bestimmt über die Wiener-Lee Beziehung:

$$R_{aa}(\tau) = R_{nn}(\tau) * R_{hh}(\tau), \tag{5.8}$$

wobei $R_{aa}(\tau)$ die stochastische Autokorrelationsfunktion am Ausgang des LZI-Systems ist, die durch die Faltung von $R_{nn}(\tau)$ mit der Autokorrelationsfunktion der deterministischen Impulsantwort $R_{hh}(\tau)$ des Übertragungssystems gewonnen wird. Im Frequenzbereich wird Gleichung (5.8) über die spektralen Leistungsdichten, Leistung pro Hertz Bandbreite, mittels der Fourier-Transformierten der Autokorrelationsfunktionen durch das Theorem von Wiener und Khintchine formuliert mit [Rud-07]:

$$S_{aa}(f) = S_{nn}(f) \cdot H(f) \cdot H^*(f) = S_{nn}(f) \cdot |H(f)|^2. \tag{5.9}$$

Für einen Tiefpass erster Ordnung gemäß Gleichung (3.80) wird die Fourier-Transformierte von $R_{hh}(\tau)$ zu dem Energiedichtespektrum des deterministischen Übertragungssystems:

$$|H(f)|^2 = \frac{1}{1+\left(\dfrac{f}{f_{3dB}}\right)^2}. \tag{5.10}$$

Die Rauschleistungsdichte des thermischen Rauschens wird mathematisch zweiseitig ausgedrückt. Innerhalb einer Messbandbreite Δf ist die Rauschleistungsdichte näherungsweise konstant und wird beschrieben durch die Nyquist-Formel:

$$S_{nn}(f) = \frac{k \cdot T}{2} = \frac{N_0}{2}, \tag{5.11}$$

bzw. im Zeitbereich über die Autokorrelationsfunktion durch:

$$R_{nn}(\tau) = \frac{N_0}{2} \cdot \delta(\tau) = \sigma^2 \cdot \delta(\tau), \tag{5.12}$$

für $R_{nn}(\tau = 0) = \sigma^2$. Am Eingang des Tiefpasssystems herrscht nun die identische Rauschleistung von $P_{ee} = N_0/2$ hervorgerufen durch das Rauschspannungssignal $u_{n,HD}(t)$ am Hitzdraht. Das Leistungsdichtespektrum $S_{aa}(f)$ wird somit am Ausgang zu einer Funktion der Grenzfrequenz des Tiefpasssystems:

$$S_{aa}(f) = S_{nn}(f) \cdot |H(f)|^2 = \frac{N_0}{2} \cdot |H(f)|^2 = \frac{N_0}{2} \frac{1}{1+\left(\frac{f}{f_{3dB}}\right)^2}, \quad (5.13)$$

mit $S_{nn}(f)$ als das Autoleistungsdichtespektrum der Autokorrelationsfunktion aus Gleichung (5.12). Aus der inversen Fourier-Transformation des Leistungsdichtespektrums am Ausgang erhält man die Autokorrelationsfunktion des bandbegrenzten Rauschsignals:

$$R_{aa}(\tau) = \frac{N_0}{2} \cdot \pi \cdot f_{3dB} \cdot e^{-2 \cdot \pi \cdot f_{3dB} \cdot |\tau|}, \quad (5.14)$$

und die Rauschleistung P_{aa} am Ausgang des Tiefpasssystems ergibt sich damit zu:

$$P_{aa} = R_{aa}(\tau = 0) = N_0 \cdot \frac{\pi}{2} \cdot f_{3dB} = N_0 \cdot B_n, \quad (5.15)$$

wobei $B_n = (\pi/2) \cdot f_{3dB}$ die äquivalente Rauschbandbreite des Tiefpasssystems erster Ordnung ist. Definitionsgemäß ist die Rauschbandbreite eines idealen Tiefpassfilters äquivalent zu der Signalbandbreite eines realen Tiefpassfilters.

Die bisherigen mathematischen Überlegungen zur Rauschtheorie werden im Folgenden für die einzelnen Komponenten des Sensorsystems angewendet. Zunächst beträgt die Rauschspannungsdichte des Hitzdrahts:

$$\frac{U_{n,HD}^2}{\Delta f} = 4 \cdot k \cdot T \cdot R_F. \quad (5.16)$$

Aus der 3dB-Bandbreite des Hitzdrahtsystems für $\alpha_T = 0$:

$$f_{3dB,HD} = \frac{1}{2 \cdot \pi \cdot T_f}, \quad (5.17)$$

ergibt sich die Rauschbandbreite für das Hitzdrahtsystem $B_{n,HD}$ mit:

$$B_{n,HD} = \frac{\pi}{2} \cdot f_{3dB,HD} = \frac{1}{4 \cdot T_f}. \quad (5.18)$$

Das Temperaturrauschen des Hitzdrahts $(\vartheta_{n,HD})^2$ kann mit dem thermischen Übertragungsfaktor durch Gleichung (3.61) und Gleichung (3.66) bestimmt werden:

$$\vartheta_{n,HD}^2 = \frac{(U_{n,HD}^2)^2}{(R_F \cdot \alpha \cdot A_M)^2}. \quad (5.19)$$

Daraus wird die Rauschtemperaturdichte $(\vartheta_{n,HD})^2/\Delta f$ berechnet zu:

$$\frac{\vartheta_{n,HD}^2}{\Delta f} = \frac{\left(\frac{U_{n,HD}^2}{\Delta f} \cdot B_{n,HD}\right)^2}{(R_F \cdot \alpha \cdot A_M)^2} \cdot \frac{1}{B_{n,HD}} = \frac{4 \cdot k \cdot T^2}{\alpha \cdot A_M \cdot m \cdot c_p}, \qquad (5.20)$$

mit einer Dimensionierung von K²/Hz. Für die Rauschbandbreite des Hitzdrahtsystems $B_{n,HD}$ gilt dabei:

$$B_{n,HD} = \frac{\alpha \cdot A_M}{4 \cdot m \cdot c_p}. \qquad (5.21)$$

Das Temperaturrauschen $(\vartheta_{n,F0})^2$ im Wärmeströmungsgebiet wird anhand der Formel von Landau und Lifschitz abgeschätzt [Lan-08a]:

$$\vartheta_{n,F0}^2 = \frac{k \cdot \vartheta_{F0}^2}{C_{th,F}}, \qquad (5.22)$$

mit der thermischen Wärmekapazität $C_{th,F}$ des Fluids. Zur Bestimmung der 3 dB-Grenzfrequenz des Wärmeströmungssystems wird die Zeitkonstante benötigt. Aus Gleichung (2.23) folgt für den Wärmestrom q_F im Fluidgebiet:

$$q_F = g_{th,F} \cdot T, \qquad (5.23)$$

wobei $g_{th,F}$ die Wärmeleitfähigkeit ist und die Dimension $[g_{th,F}]$ = W/K besitzt. Die Zeitkonstante $T_{th,F}$ im Fluidgebiet berechnet sich dann aus der Wärmekapazität und der Wärmeleitfähigkeit zu:

$$T_{th,F} = \frac{C_{th,F}}{g_{th,F}}. \qquad (5.24)$$

Für die Rauschbandbreite des Wärmeströmungssystems $B_{n,F}$ gilt dann:

$$B_{n,F} = \frac{\pi}{2} \cdot \frac{1}{2 \cdot \pi \cdot T_{th,F}}, \qquad (5.25)$$

und für die Rauschtemperaturdichte $(\vartheta_{n,F0})^2/\Delta f$ des Fluids:

$$\frac{\vartheta_{n,F0}^2}{\Delta f} = \frac{k \cdot \vartheta_{F0}^2}{C_{th,F}} \cdot \frac{4 \cdot C_{th,F}}{g_{th,F}} = \frac{4 \cdot k \cdot \vartheta_{n,F0}^2}{g_{th,F}}. \qquad (5.26)$$

Für das Thermoelement ergibt sich eine Rauschspannungsdichte mit:

$$\frac{U_{n,TEq}^2}{\Delta f} = 4 \cdot k \cdot T \cdot R_{TE}, \qquad (5.27)$$

und die zugehörige Rauschbandbreite $B_{n,TEq}$ lautet:

$$B_{n,TEq} = \frac{\pi}{2} \cdot \frac{1}{T_{TE}}. \tag{5.28}$$

Die Rauschspannungsdichte am Sensorausgang $(U_{n,TE})^2/\Delta f$ setzt sich zusammen aus den einzelnen Rauschspannungsdichten des Hitzdrahts, des Fluids, des Thermoelements und des Verstärkers:

$$\frac{U_{n,TE}^2}{\Delta f} = v^2 \cdot \left[\alpha_S^2 \cdot \frac{\vartheta_{n,HD}^2}{\Delta f} + \alpha_S^2 \cdot \frac{\vartheta_{n,F0}^2}{\Delta f} + \frac{U_{n,TEq}^2}{\Delta f} + \frac{U_{n,v}^2}{\Delta f} \right], \tag{5.29}$$

mit $(U_{n,v})^2/\Delta f$ als die Rauschspannungsdichte des Verstärkers. Am Ausgang des Sensors kann das Spannungsrauschen $(U_{n,TE})^2$ über die Bandbreite des Verstärkers $B_{n,v}$ bestimmt werden, für den Fall, dass $B_{n,v}$ kleiner als $B_{n,HD}$, $B_{n,F0}$ und $B_{n,TEq}$ ist und somit die gesamte Rauschbandbreite begrenzt:

$$U_{n,TE}^2 = \left\{ v^2 \cdot \left[\alpha_S^2 \cdot \frac{\vartheta_{n,HD}^2}{\Delta f} + \alpha_S^2 \cdot \frac{\vartheta_{n,F0}^2}{\Delta f} + \frac{U_{n,TEq}^2}{\Delta f} + \frac{U_{n,v}^2}{\Delta f} \right] \right\} \cdot B_{n,v}. \tag{5.30}$$

Ist jedoch die Rauschbandbreite des Fluids kleiner als die Rauschbandbreite des Hitzdrahts, des Thermoelements und des Verstärkers, so ergibt sich das Spannungsrauschen:

$$U_{n,TE}^2 = v^2 \cdot \left[\begin{array}{l} \alpha_S^2 \cdot \dfrac{\vartheta_{n,HD}^2}{\Delta f} \cdot B_{n,F0} + \alpha_S^2 \cdot \dfrac{\vartheta_{n,F0}^2}{\Delta f} \cdot B_{n,F0} \\ + \dfrac{U_{n,TEq}^2}{\Delta f} \cdot B_{n,TE} + \dfrac{U_{n,v}^2}{\Delta f} \cdot B_{n,v} \end{array} \right], \tag{5.31}$$

wobei hier angenommen wird, dass die Rauschbandbreite des Verstärkers größer als die Rauschbandbreite des Thermoelements ist. Für ein bandbegrenztes weißes Rauschen mit der beidseitigen Rauschspannungsdichte $N_0/2$ und der Rauschbandbreite B_n gilt für die Autokorrelationsfunktion $R_{nn}(\tau)$:

$$R_{nn}(\tau) = \frac{N_0 \cdot \sin(2 \cdot \pi \cdot B_n \cdot \tau)}{2 \cdot \pi \cdot \tau}. \tag{5.32}$$

Das ergibt für die Rauschleistung:

$$R_{nn}(\tau = 0) = N_0 \cdot B_n. \tag{5.33}$$

Das Gesamtrauschen des Systems wird als $(U_{n,TE})^2$ angenommen. Um das Signal-Rausch-Verhältnis am Ausgang des Sensors zu bestimmen wird die Kreuzkorrelationsfunktion $R_{xy}(\tau)$ angewendet, wobei $x(t)$ als Eingangssignal, $y(t)$

als Ausgangssignal und $n(t)$ als das Rauschsignal des gesamten Sensors darstellen:

$$R_{xy}(\tau) = \int_{-\infty}^{\infty}[x(t) + n(t)] \cdot [y(t+\tau) + n(t+\tau)]dt. \tag{5.34}$$

6. Experimentelle TTOF-Messtechnik

Die Konzeption und Gestaltung der experimentellen Versuche zur thermischen Laufzeitmessung und systemtheoretischen Analyse an dem thermofluiddynamischen Strömungssensor sind Gegenstand dieses Kapitels. Zunächst wird in dem Abschnitt 6.1 der Versuchsaufbau für die Luftmessungen vorgestellt. Analog dazu präsentiert Abschnitt 6.2 den Versuchsaufbau für die Messungen an Wasser. Die Durchführung von numerischen Simulationsexperimenten zu den Versuchsständen erfolgt durch die Finite Elemente Methode (FEM) mit der Software COMSOL Multiphysics. Auf das Simulationstool und dessen Modelle wird in dem Abschnitt 6.3 eingegangen. Die Untersuchungen in allen Experimenten beschränken sich hier auf Rohrströmungen.

An allen Versuchen wird eine laminare Anlaufstrecke berücksichtigt, die als die hydrodynamische Einlauflänge x_e charakterisiert wird. Unterschiedliche Formulierungsformen der hydrodynamischen Einlauflänge sind in der Literatur vorzufinden. In dem Abschnitt 2.1.3 ist die Einlauflänge mit Gleichung (2.15) angegeben. Nach [Spu-07] und [Sig-09] wird die hydrodynamische Einlauflänge ebenfalls beschrieben durch den Ausdruck:

$$x_e \approx 0{,}03 \cdot \text{Re} \cdot d, \tag{6.1}$$

und Kuhlmann formuliert die Einlauflänge über folgende Beziehung [Kuh-07]:

$$x_e \approx 0{,}02 \cdot \text{Re} \cdot d. \tag{6.2}$$

In Abbildung 6.1 werden die hydrodynamische Einlauflängen x_{e1}, x_{e2} und x_{e3} entsprechend den Formulierungen aus den Gleichungen (2.15), (6.1) und (6.2) für den Luft- und Wasserversuchsstand mit abweichenden Rohrdurchmessern in Abhängigkeit der mittleren Strömungsgeschwindigkeit dargestellt. Je nach anzuwendender Berechnungsform variieren die Einlauflängen untereinander maßgebend. Grundsätzlich benötigt die Strömung für die Bildung eines konstanten Strömungsprofils mit steigender Reynolds-Zahl und größer werdendem Rohrdurchmesser einen längeren Einlaufbereich. Für Wasser ist aufgrund der höheren Reynolds-Zahl stets eine größere Einlauflänge zu berücksichtigen als für Luft. Bei Nichterreichen der voll ausgebildeten Strömung, d.h. der Strömungs-vorgang ist instationär, herrscht ein in Strömungsrichtung variabler Geschwindigkeitsgradient, der von der Einlauflänge abhängig ist. Dieser Effekt wird in dem Rohrabschnitt vernachlässigt, in der der Strömungssensor mit einer Länge von 0,1 m eingesetzt wird. Bei einem Vergleich zweier Strömungsmesssysteme, die sich in unterschiedlichen Rohrabschnitten befinden, ist dieser Effekt zu beachten.

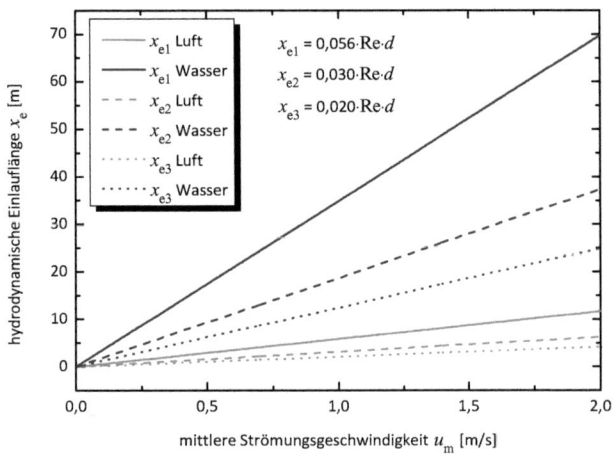

Abbildung 6.1: Hydrodynamische Einlauflängen für Luft und Wasser in Abhängigkeit der mittleren Strömungsgeschwindigkeit jeweils bei einem Rohrdurchmesser für Luft von d_{Luft} = 0,04 m und für Wasser von d_{Wasser} = 0,025 m.

Abbildung 6.2 zeigt die Reynolds-Zahlen bei einer Durchströmung, wobei in diesem Falle ihre charakteristische Länge durch den Rohrdurchmesser gegeben ist, für Luft und Wasser in Abhängigkeit der mittleren Strömungsgeschwindigkeit. Die Strömungsform bleibt laminar unterhalb der kritischen Reynolds-Zahl von 2300 und geht bis zu einer Reynolds-Zahl von etwa 10000 in eine turbulente Strömungsform über. Ausgehend von einer reinen Durchströmung erreicht Wasser für einen Rohrdurchmesser von 0,025 m den Übergangsbereich zwischen laminarer und turbulenter Strömungsform bereits bei einer Strömungsgeschwindigkeit von 0,09 m/s. Für Luft wird dieser kritische Wert für einen Rohrdurchmesser von 0,04 m bei einer Strömungsgeschwindigkeit von 0,9 m/s erreicht. Somit arbeitet der Sensor für Reynolds-Zahlen kleiner der kritischen Reynolds-Zahl im laminaren

Strömungsbereich. Im Gegensatz dazu erläutert Abbildung 6.3 a) das Umströmungsverhalten von einem zylindrischen Objekt in der Strömung. Hierbei ist die charakteristische Länge in der Reynolds-Zahl die Überströmlänge des Objekts. Bei einer Reynolds-Zahl von etwa 20 ist eine Wirbelentstehung hinter dem Objekt zu beobachten. Mit weiter steigender Reynolds-Zahl lösen sich diese Wirbel vom Objekt und bilden dahinter einen Wirbelstrom, welcher als die Kármánsche Wirbelstraße bezeichnet wird. Dieses Gebiet hinter dem zylindrischen Körper wird bei umströmten Körpern auch als turbulenter Nachlauf bezeichnet [Lan-91].

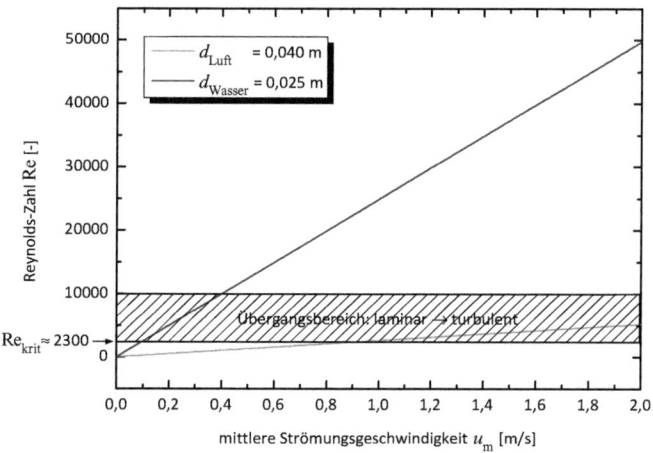

Abbildung 6.2: Reynolds-Zahlen bei Durchströmung für Luft und Wasser in Abhängigkeit der mittleren Strömungsgeschwindigkeit.

Abbildung 6.3 b) zeigt die Reynolds-Zahlen in Abhängigkeit der maximalen Strömungsgeschwindigkeit bei Umströmung um ein zylindrisches Objekt für Wasser und Luft mit einer Überströmlänge von 1,6 mm, die sich mit Gleichung (3.33) für einen Durchmesser von 1 mm ergibt. Bereits eine Reynolds-Zahl von 100 führt hinter dem Objekt zu Verwirbelungen, die für Wasser bereits bei deutlich geringeren Strömungsgeschwindigkeiten entstehen als für Luft.

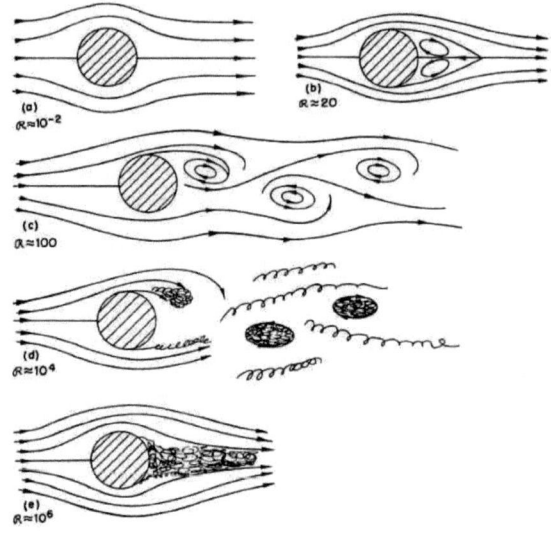

a)

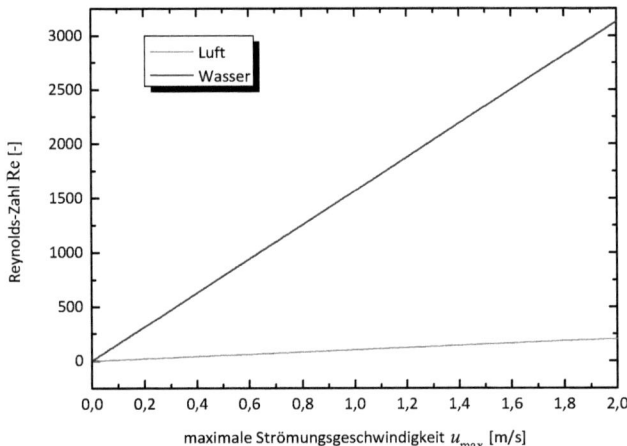

b)

Abbildung 6.3: Wirbelentstehung bei Umströmung eines Zylinders in a) und Reynolds-Zahlen bei Umströmung für Luft und Wasser in Abhängigkeit der mittleren Strömungsgeschwindigkeit in b) [Fey-07].

6.1 Versuchsaufbau des TTOF-Sensors in Luft

Der Versuchsaufbau für Luft ist in Abbildung 6.4 dargestellt und besteht aus einem Luftmengenförderer, einer hydrodynamischen Einlaufstrecke, dem TTOF-Sensor und einer Auslaufstrecke. Das Rohr weist einen Durchmesser von 0,04 m auf, und die Einlauflänge beträgt 1,1 m.

Abbildung 6.4: *Messstrecke zu der Luftströmungsgeschwindigkeit mit Einlauflänge bestehend aus Lüfter und Strömungssensor.*

Der TTOF-Sensor ist in Abbildung 6.5 a) gezeigt und sein Querschnitt in Abbildung 6.5 b). Die drei stromabwärts befindlichen Thermoelemente sind auf einer Messkarte entsprechend den Positionen x_1, x_2 und x_3 angebracht. Die Abstände der Thermoelemente zueinander können vor der Einbringung in das Rohrsystem auf der Messkarte frei eingestellt werden. Zur Detektion des Temperatursignals am Hitzdraht wird ein Thermoelement an der Position x_0 mit dem Hitzdraht kontaktiert. Der quaderförmige Hitzdraht besitzt eine Höhe von 0,2 mm, eine Weite von 0,8 mm und eine Länge von 0,04 m und wird quer in das Rohr geführt und mittig platziert. Es werden grundsätzlich Typ K Thermoelemente mit einer perlenförmigen Spitze eingesetzt. Der Durchmesser der Spitze beträgt ca. das 2,5-fache des Drahtdurchmessers, wobei die Drahtdurchmesser der Thermoelemente von 50 µm bis 250 µm variieren. Zur Messung der Temperatursignale werden die Thermoelemente an einen Universalmessverstärker „MX840A" der Firma Hottinger Baldwin Messtechnik (HBM) angeschlossen. Die Durchführung der Vergleichsmessstelle erfolgt extern über „THERMO-MXBOARDS" für jedes einzelne Thermoelement. Als Referenz zur Strömungsgeschwindigkeitsmessung wird ein thermisches Anemometer als Strömungsmessumformer der Firma Testo AG, welches in Form einer

Hitzkugelsonde mit einem Durchmesser von 3 mm nach dem CTA-Prinzip für einen Messbereich von 0 – 10 m/s mit einer Messgenauigkeit von ± 5 % vom Messwert arbeitet, im Bereich der Einlauflänge eingesetzt.

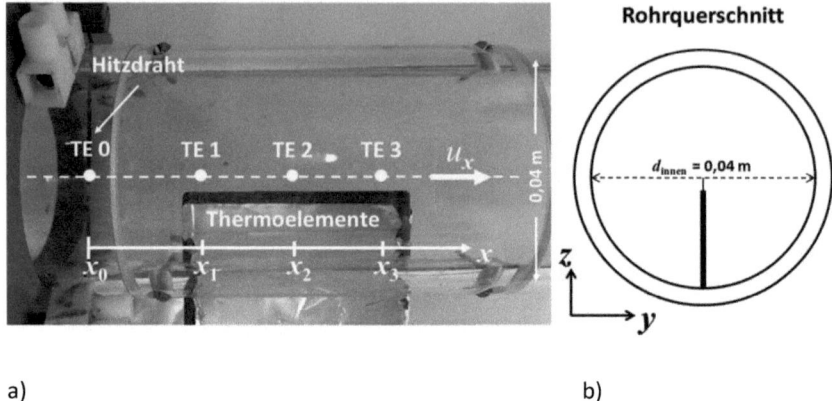

a) b)

Abbildung 6.5: *TTOF-Strömungssensor für Luft bestehend aus einem gepulsten Hitzdraht und vier Thermoelementen in a) und der Rohrquerschnitt in b).*

6.2 Versuchsaufbau des TTOF-Sensors in Wasser

Analog zu dem Versuchsaufbau in Luft wird der TTOF-Sensor in Wasser realisiert. Abbildung 6.6 zeigt den gesamten Aufbau für den Wasserversuchsstand, der aus einer Förderpumpe, einem magnetisch-induktiven Referenzsensor, einer hydrodynamischen Einlauflänge und dem TTOF-Sensorsystem besteht. In Abbildung 6.7 ist der TTOF-Sensor dargestellt. Im Unterschied zum Luftversuchsstand wird hier ein Rohrdurchmesser von 0,025 m verwendet, um damit die Reynolds-Zahl gering zu halten.

EXPERIMENTELLE TTOF-MESSTECHNIK

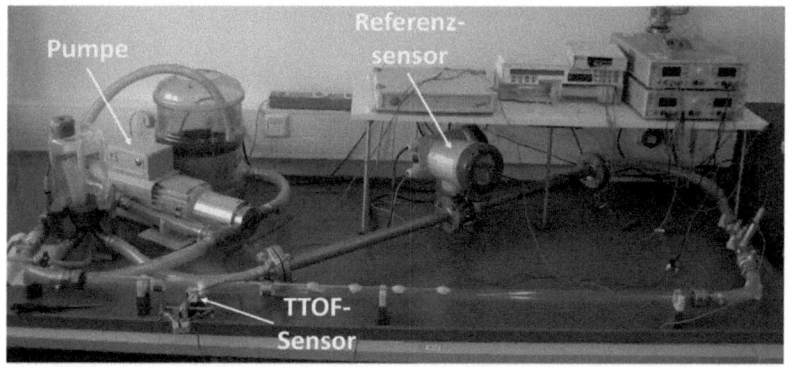

Abbildung 6.6: Zirkulation des Wasserversuchsstandes.

Des Weiteren ist hier ein zylindrischer Hitzdraht, der einen Durchmesser von 0,5 mm besitzt, mit einer elektrischen Isolierschicht im Einsatz. Mit einem magnetisch-induktiven Messverfahren wird die Referenzströmungsgeschwindigkeit des Wassers bestimmt. Der magnetisch-induktive Durchflusssensor „OPTIFLUX 5300" der Firma Krohne misst die Strömungsgeschwindigkeit von elektrisch leitenden Flüssigkeiten bidirektional im Bereich von -12 – 12 m/s mit einer Messgenauigkeit von ± 0,2 % vom Messwert.

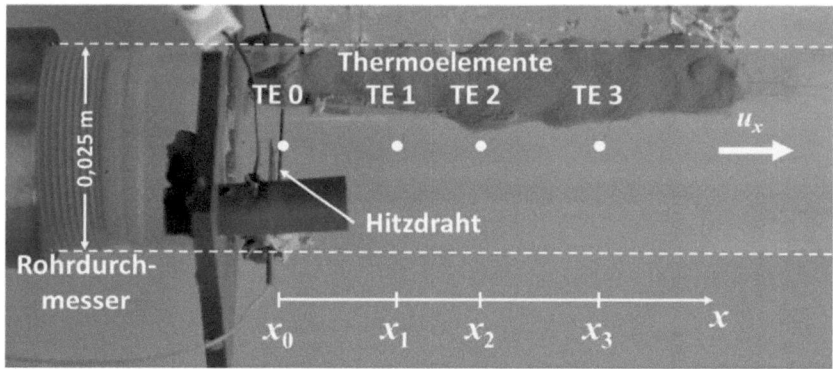

Abbildung 6.7: TTOF-Strömungssensor in Wasser.

Die für die TTOF-Messtechnik relevanten Stoffwerte wie die spezifische Wärmeleitfähigkeit, die kinematische Viskosität, die Temperaturleitfähigkeit und die Prandtl-Zahl sind in den Abbildungen 6.8 - 6.11 als Funktion der Temperatur im Bereich von -30 °C bis 100 °C für Wasser und Luft bei einem Druck von p = 1 bar dargestellt. Die kinematische Viskosität von Wasser ist stets geringer als die von Luft. Wie im Abschnitt 2.1 erläutert sind somit die Reibungs- bzw. Zähigkeitskräfte für Wasser klein bzw. die Fließfähigkeit hoch. Dies führt verhältnismäßig zu Luft zu einer hohen Reynolds-Zahl und folglich zur Entstehung von Turbulenzen sowohl bei der Durchströmung als auch bei der Umströmung für Wasser. Die spezifische Wärmeleitfähigkeit wirkt sich auf den Wärmeübergang zwischen Hitzdraht und Fluid und somit auf die Temperaturänderung am Hitzdraht gemäß Gleichung (3.43) aus. Im Wärmeströmungsgebiet geht die Temperaturleitfähigkeit maßgebend auf die diffusive Wärmepulsausbreitung ein. Mittels der Prandtl-Zahl ist deutlich zu erkennen, dass die Strömungsgrenzschichtdicke für Wasser deutlich größer ist als die von Luft, und somit der diffusive Impulstransport an einer Grenzschicht wie dem Hitzdraht für Wasser stärker auftritt. Die geringe Temperaturgrenzschichtdicke für Wasser ist der Grund für einen besseren in Strömungsrichtung gerichteten, konvektiven Wärmetransport.

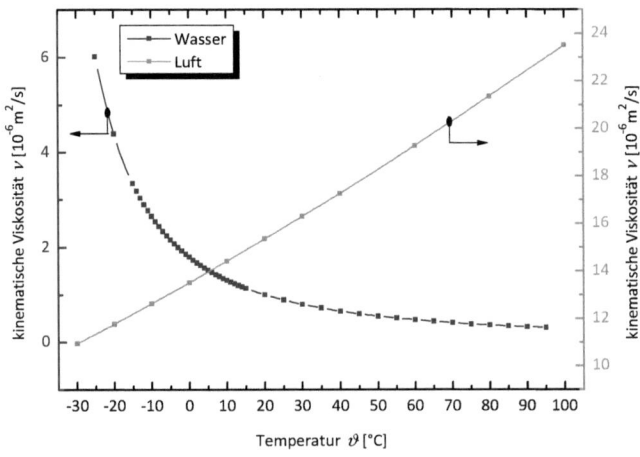

Abbildung 6.8: *Kinematische Viskosität als Funktion der Temperatur für Wasser und Luft bei einem Druck von p = 1 bar [VDI-06].*

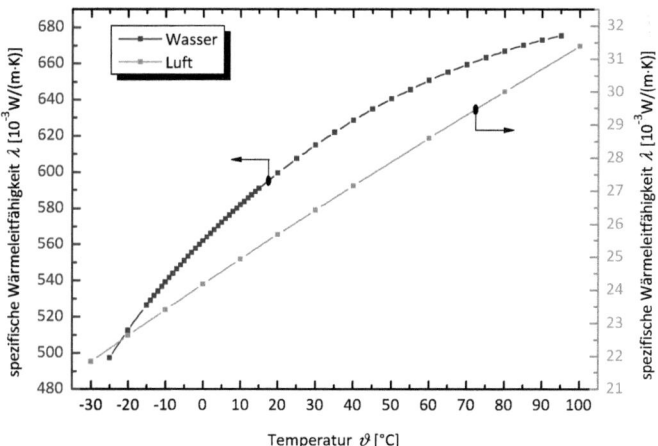

Abbildung 6.9: Spezifische Wärmeleitfähigkeit als Funktion der Temperatur für Wasser und Luft bei einem Druck von p = 1 bar [VDI-06].

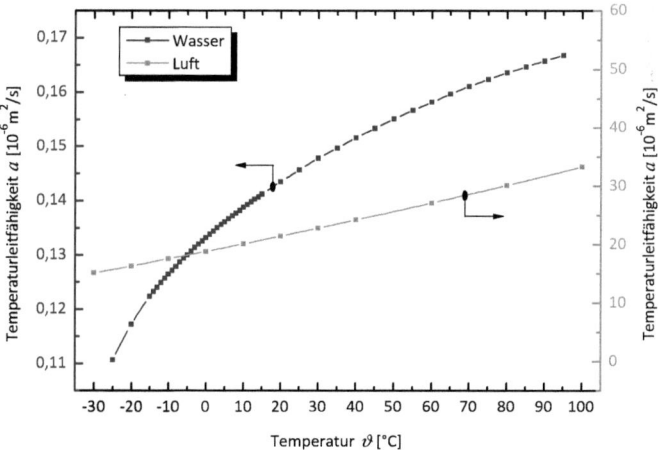

Abbildung 6.10: Temperaturleitfähigkeit als Funktion der Temperatur für Wasser und Luft bei einem Druck von p = 1 bar [VDI-06].

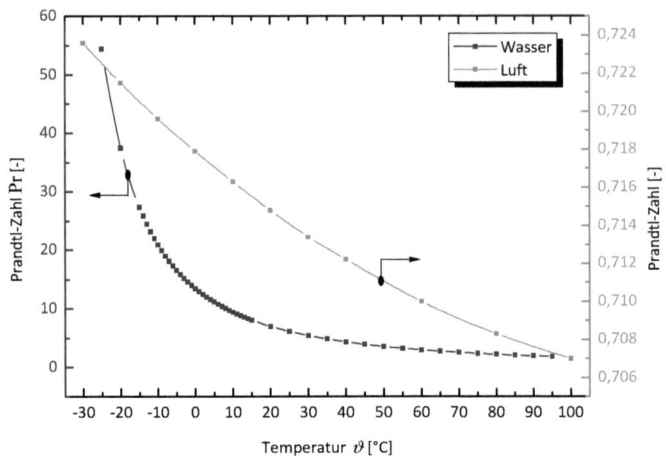

Abbildung 6.11: Prandtl-Zahl als Funktion der Temperatur für Wasser und Luft bei einem Druck von $p = 1$ bar [VDI-06].

6.3 Numerische FEM-Simulation

In diesem Abschnitt werden die simulativen Ergebnisse der Strömungsuntersuchungen am TTOF-Strömungssensor präsentiert. Dazu bedient man sich der numerischen Strömungsmechanik (CFD: Computational Fluid Dynamics); ein computergestütztes Verfahren mit unterschiedlichen Lösungsmethoden. Eine Lösungsmethode ist die Finite-Elemente-Methode (FEM), die bei diesen Untersuchungen angewandt wird. Zunächst wird im Abschnitt 6.3.1 das kommerzielle Software-Tool COMSOL Multiphysics vorgestellt, welches u.a. ein CFD-Programm beinhaltet. Anschließend werden die daraus berechneten Modelle im Abschnitt 6.3.2 dargestellt.

6.3.1 Software COMSOL-Multiphysics

Die Kombination und Anwendung unterschiedlicher physikalischer Vorgänge an einer Problemstellung gewinnt in der Computersimulation deutlich an Bedeutung. Für die FEM-basierte Modellbildung und Simulation des

TTOF-Strömungssensors sind die Bereiche der Strömungsmechanik, Wärmeübertragung und Joulesche Erwärmung essentiell. COMSOL Multiphysics bietet die Kopplung multiphysikalischer Vorgänge durch spezifische Module. Die für diese Arbeit verwendeten Module sind das CFD-Modul und das Heat-Transfer-Modul. Die Simulation der Strömung erfolgt durch das CFD-Modul mittels der Navier-Stokes-Gleichungen analog zu Gleichung (2.13). Die Effekte der Wärmekonvektion und Wärmediffusion werden durch das Heat-Transfer-Modul ausgelöst. Die Joulesche Erwärmung am Hitzdraht wird ebenfalls mit dem Heat-Transfer-Modul realisiert.

Der Einfachheit halber wird eine zweidimensionale Modellbildung durchgeführt, bei der die Schnittfläche entlang der Strömungsrichtung mittig sowohl durch den Hitzdraht als auch durch die Thermoelemente führt. Für die Simulation von thermofluiddynamischen Signalen ist eine zeitabhängige transiente Simulation erforderlich.

6.3.2 SIMULATIONSMODELLE

Die Fluidtemperatur für alle eingesetzten Medien ist auf 293,15 K eingestellt. Eine Temperaturänderung von bis zu 10 K wird an dem Wärmegenerationsort aufgegeben, so dass für die Stoffparameter ein Referenztemperaturwert von 300 K ausreicht. In Tabelle 6.1 sind einige Stoffparameter von Helium, Luft, Wasser und Maschinenöl aufgelistet.

Tabelle 6.1   Stoffparameter von einigen Fluiden bei 300 K [VDI-06].

	Helium	Luft	Wasser	Maschinenöl	Einheit
Prandtl-Zahl	0,6865	0,7081	6,991	10243	-
Kinematische Viskosität	$1,14 \cdot 10^{-4}$	$1,53 \cdot 10^{-5}$	$1 \cdot 10^{-6}$	$8,9 \cdot 10^{-4}$	m²/s
Temperaturleitfähigkeit	$1,59 \cdot 10^{-4}$	$2,16 \cdot 10^{-5}$	$1,44 \cdot 10^{-7}$	$8,69 \cdot 10^{-8}$	m²/s
Spezifische Wärmekapazität	5,193	1,0064	4,185	1,88	kJ/(kg·K)
Dichte	0,1785	1,1885	998,21	887,6	kg/m³
Spezifische Wärmeleitfähigkeit	0,1513	$2,59 \cdot 10^{-2}$	$6 \cdot 10^{-1}$	0,145	W/(m·K)

Das Fließverhalten von unterschiedlichen Fluiden bei der gleichen Strömungsgeschwindigkeit von 0,1 m/s ist beispielsweise für Wasser in Abbildung 6.12 a) und Öl in b) gezeigt. Die höchste kinematische Viskosität zeigt Öl auf, und somit besitzt Öl das schlechteste Fließverhalten bei Umströmung an Grenzschichten im Vergleich zu Luft, Wasser und Helium. In einer wandnahen Grenzschicht, wie am Hitzdraht, treten Reibungskräfte quer zur Strömungsrichtung auf. Je höher diese Reibungskräfte sind, desto deutlicher wird der Strömungsverlauf um den Hitzdraht und um die Thermoelemente beeinflusst. Die mittleren Strömungsgeschwindigkeiten zwischen den einzelnen Pulslaufstrecken sind eindeutig geringer als die Anströmgeschwindigkeit.

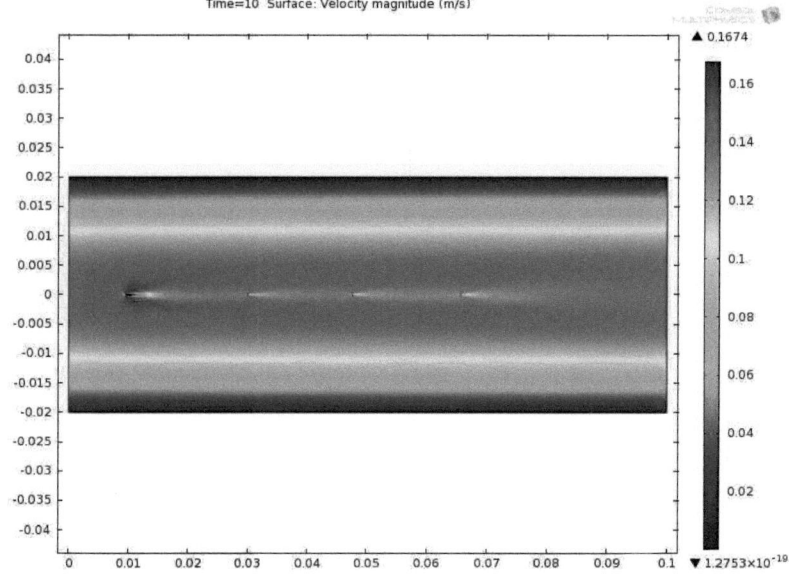

a)

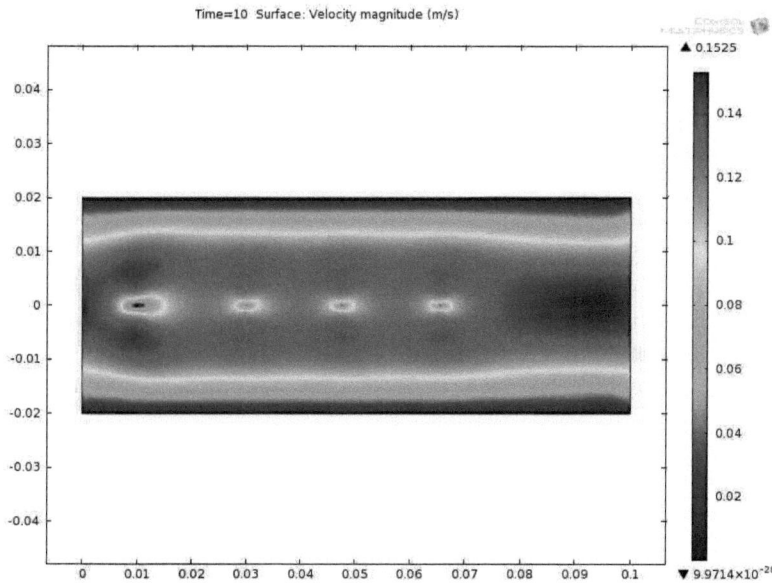

b)

Abbildung 6.12:   *Verlauf der Strömung für Wasser in a) und für Öl in b) bei einer Strömungsgeschwindigkeit von 0,1 m/s [Eci-09].*

Abbildung 6.13 a) und b) sowie Abbildung 6.14 a) und b) zeigen die Stromlinien um den Hitzdraht und um das erste Thermoelement für Luft sowie entsprechend für Wasser bei zwei unterschiedlichen Strömungsgeschwindigkeiten. Die Überströmlänge ist äquivalent mit der mittleren freien Weglänge eines Fluidteilchens [Spe-09]. Sie kann durch den Stromlinienverlauf abgeleitet werden und variiert in Abhängigkeit der Strömungsgeschwindigkeit. Entscheidend ist die Überströmlänge für die Temperaturänderung am Hitzdraht. Aufgrund der Äquivalenz zur mittleren freien Weglänge eines Fluidteilchens ändert sich die absolute Temperatur am Hitzdraht durch Variation der Überströmlänge. Die Geschwindigkeitsverhältnisse zwischen dem Hitzdraht und den Thermoelementen werden in den Abbildungen 6.15 und 6.16 gezeigt. Der Verlauf der Strömungsgeschwindigkeit für Luft in Abhängigkeit der Strömungsrichtung zwischen Hitzdraht und Thermoelement 1 zeigt Abbildung 6.15 a). Im Vergleich zum Verlauf der Strömungsgeschwindigkeit zwischen Thermoelement 2 und Thermoelement 3 in Abbildung 6.15 b) geht durch den Hitzdraht der Anstieg der Geschwindigkeit deutlich langsamer vonstatten. Dies führt insgesamt über die gesamte Teilstrecke zu einer langsameren Durchschnittsströmungsgeschwindigkeit. Die tatsächliche Anströmgeschwindigkeit wird jedoch nicht erreicht. In Abbildung 6.16 a) und b) sind die entsprechenden Verläufe der Strömungsgeschwindigkeit für Wasser dargestellt. Bei Wasser sind unmittelbar hinter dem Hitzdraht aufgrund der hohen Reynolds-Zahl Geschwindigkeitsschwankungen zu erkennen.

Zwischen Hitzdraht und Thermoelement 1 ergeben sich in dem Bereich für Luft bei einer Anströmgeschwindigkeit von 0,3 m/s eine mittlere Strömungsgeschwindigkeit von 0,145 m/s, bei einer Anströmgeschwindigkeit von 0,6 m/s eine mittlere Strömungsgeschwindigkeit von 0,29 m/s und bei einer Anströmgeschwindigkeit von 1 m/s eine mittlere Strömungsgeschwindigkeit von 0,48 m/s. Die mittleren Strömungsgeschwindigkeiten erhöhen sich in dem Bereich zwischen Thermoelement 2 und Thermoelement 3 für Luft bei einer Anströmgeschwindigkeit von 0,3 m/s zu einem Wert von 0,151 m/s, bei einer Anströmgeschwindigkeit von 0,6 m/s zu einem Wert von 0,31 m/s und bei einer Anströmgeschwindigkeit von 1 m/s zu einem Wert von 0,52 m/s. Für Wasser ergeben sich in dem Bereich zwischen Hitzdraht und Thermoelement 1 bei einer Anströmgeschwindigkeit von 0,01 m/s eine mittlere Strömungsgeschwindigkeit von 0,0045 m/s, bei einer Anströmgeschwindigkeit von 0,03 m/s eine mittlere

Strömungsgeschwindigkeit von 0,0126 m/s und bei einer Anströmgeschwindigkeit von 0,04 m/s eine mittlere Strömungsgeschwindigkeit von 0,0165 m/s. Die mittleren Strömungsgeschwindigkeiten erhöhen sich ebenfalls in dem Bereich zwischen Thermoelement 2 und Thermoelement 3 für Wasser bei einer Anströmgeschwindigkeit von 0,01 m/s zu einem Wert von 0,0049 m/s, bei einer Anströmgeschwindigkeit von 0,03 m/s zu einem Wert von 0,0152 m/s und bei einer Anströmgeschwindigkeit von 0,04 m/s zu einem Wert von 0,0202 m/s.

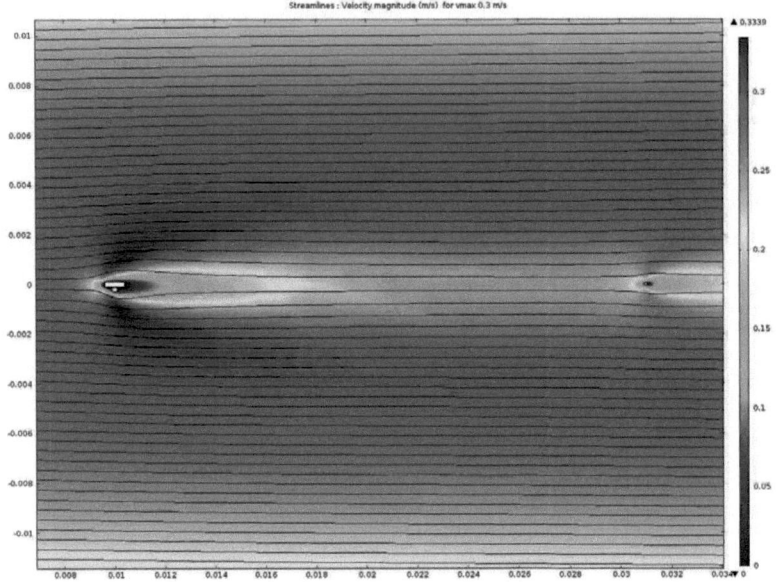

a)

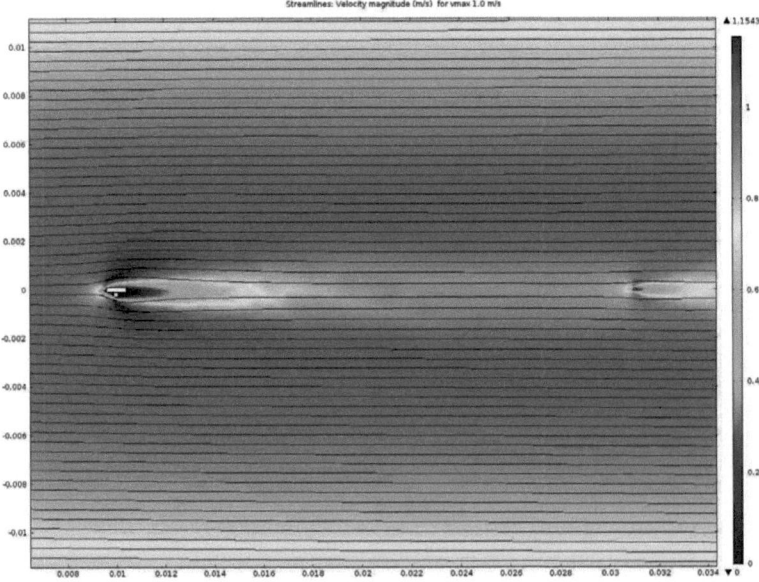

b)

Abbildung 6.13: Verlauf der Stromlinien am Hitzdraht für Luft bei einer Strömungsgeschwindigkeit von 0,3 m/s in a) und von 1,0 m/s in b).

EXPERIMENTELLE TTOF-MESSTECHNIK

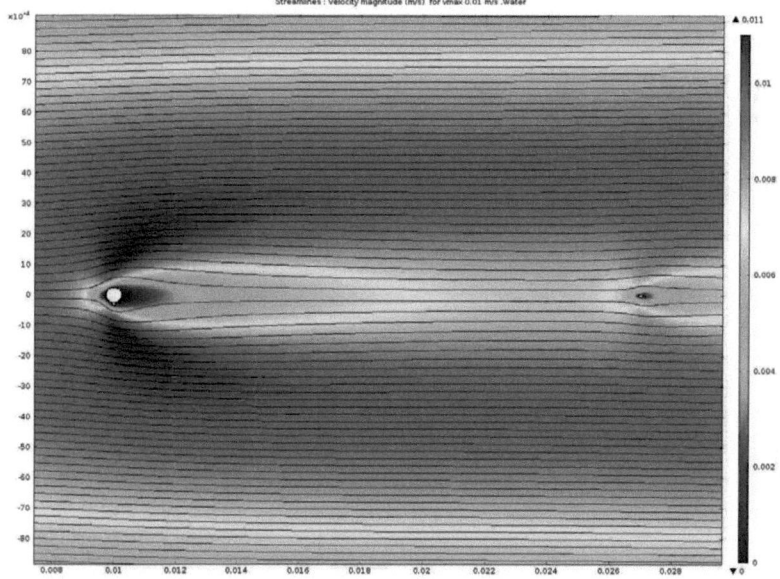

a)

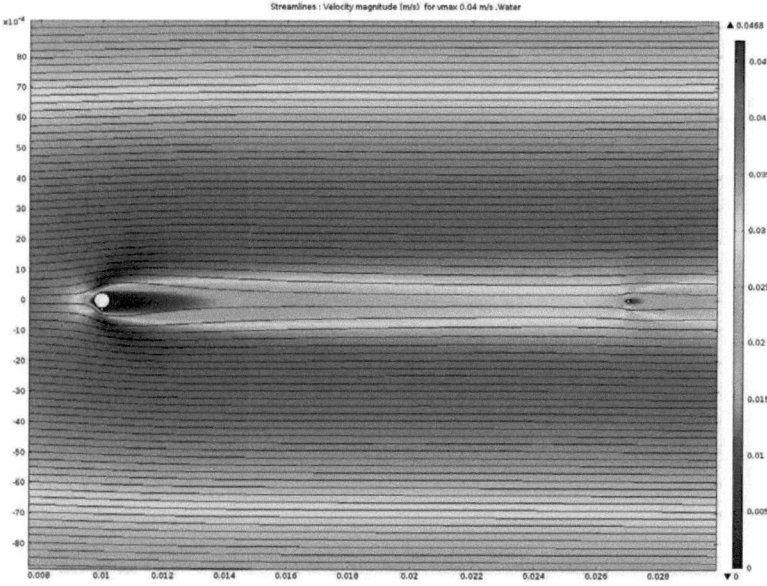

b)

Abbildung 6.14: Verlauf der Stromlinien am Hitzdraht für Wasser bei einer Strömungsgeschwindigkeit von 0,01 m/s in a) und von 0,04 m/s in b).

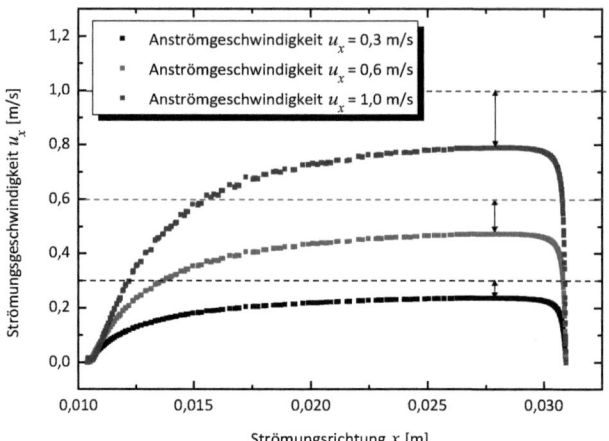

a)

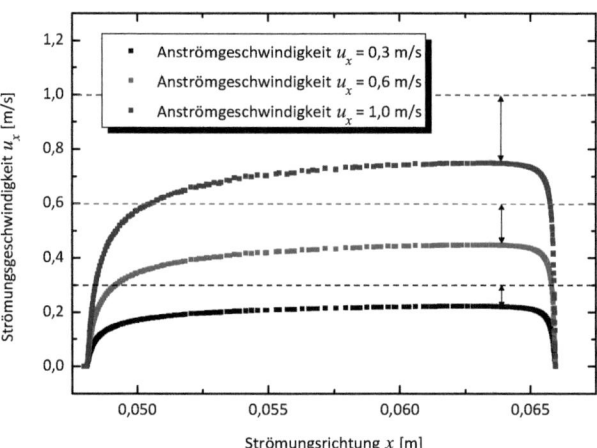

b)

Abbildung 6.15: Verlauf der Strömungsgeschwindigkeit für Luft in Abhängigkeit der Strömungsrichtung zwischen Hitzdraht und Thermoelement 1 in a) und zwischen Thermoelement 2 und Thermoelement 3 in b).

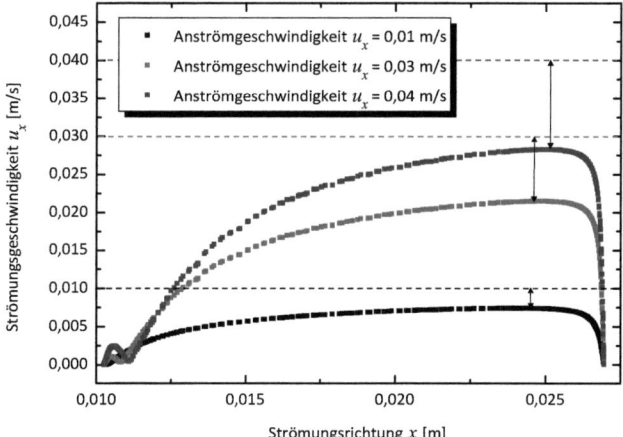

a)

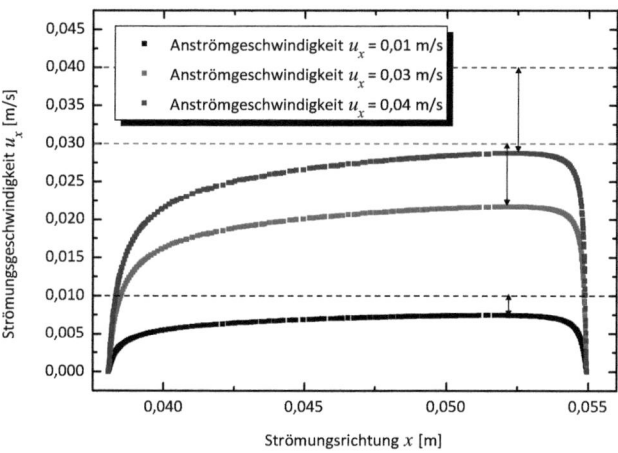

b)

Abbildung 6.16:   *Verlauf der Strömungsgeschwindigkeit für Wasser in Abhängigkeit der Strömungsrichtung zwischen Hitzdraht und Thermoelement 1 in a) und zwischen Thermoelement 2 und Thermoelement 3 in b).*

7. Ergebnisse

Mit dem grundlegenden Sensorkonzept bestehend aus Hitzdraht und Temperatursensoren ist in dieser Arbeit die Durchführung der experimentellen Versuche realisiert worden. Die Ergebnisse sind in diesem Abschnitt bei Variation der Sensorabstände und der Strömungsgeschwindigkeit für unterschiedliche Signalformen am Hitzdraht dargestellt. Zunächst erfolgt im Abschnitt 7.1 eine Untersuchung des Sensorkonzeptes auf Linearität. Die diffusiven und konvektiven Effekte der Wärmeübertragung werden im Abschnitt 7.2 signaltechnisch erläutert. Den Einfluss aus thermofluid-dynamischen Gesichtspunkten auf die Laufzeit eines Wärmepulses verdeutlicht Abschnitt 7.3. Im Abschnitt 7.4 werden simulierte und experimentell erzielte Signale des Sensorsystems für unterschiedliche Anregungssignale gegenübergestellt und diskutiert. Die Ermittlung der Strömungsgeschwindigkeit erfolgt über das Korrelationsverfahren und inverse Filterung im Abschnitt 7.5. Abschließend werden im Abschnitt 7.6 die Ergebnisse zur Rauschanalyse von den Temperatursensoren gezeigt.

7.1 Linearität des Sensors

Die experimentelle Untersuchung des Sensors auf Linearität wird in Abbildung 7.1 für Luft gezeigt. Dabei liegt am Hitzdraht ein konstantes Spannungssignal U_{HD} bzw. eine entsprechend konstante Temperatur an, die schrittweise vergrößert wird. Stromabwärts detektieren drei Thermoelemente über die Thermospannung U_{TE} den stationären Wärmeübergang ausgehend vom Hitzdraht bei einer konstanten Strömungsgeschwindigkeit von 0,5 m/s. Die Abstände zwischen dem Hitzdraht am Ort null und den drei Thermoelementen an den Orten eins, zwei und drei betragen $\Delta x_{01} = \Delta x_{12} = \Delta x_{23} = 0,02$ m. Die Temperatur an den Detektionsorten bleibt in dem Strömungsvorgang mit der Temperatur am Hitzdraht linear. Die Strömungsform bei dieser Linearitätsuntersuchung ist laminar. Des Weiteren ist auch aufgrund der Wärmediffusion eine Abnahme der Temperatur mit größer werdendem Abstand zu beobachten.

Eine weitere Möglichkeit die Linearität des Sensors bzw. eines LZI-Systems experimentell zu überprüfen besteht darin, ein sinusförmiges Signal an den Eingang des Sensors, Spannungssignal am Hitzdraht, anzulegen, und die Sensorantworten, Thermospannungssignale der Thermoelemente, zu interpretieren. Bei der Interpretation wird eine sinusförmige Wiedergabetreue zwischen dem Eingang des Sensors und dem Ausgang des Sensors erwartet, die bei gleichbleibender Frequenz auf eine Linearität des Sensorsystems deutet.

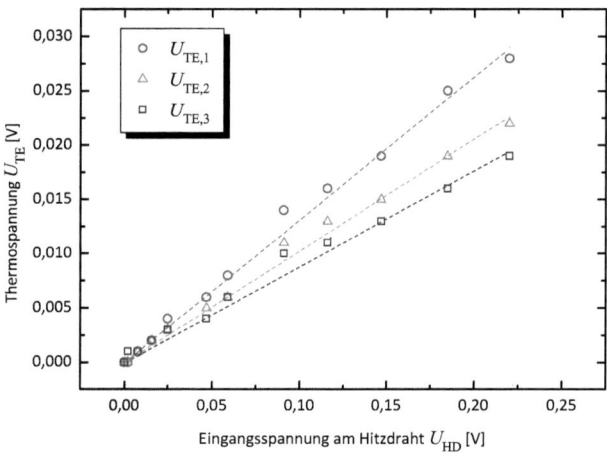

Abbildung 7.1: Linearitätsuntersuchung des Sensors bei einer Strömungsgeschwindigkeit von 0,5 m/s in Luft für $\Delta x_{01} = \Delta x_{12} = \Delta x_{23} = 0,02$ m.

Abbildung 7.2 a) zeigt eine sinusförmige Anregung mit einer Frequenz von 0,25 Hz und die dazugehörigen Systemantworten mit einer Abtastfrequenz von 1000 Hz bei einer Strömungs-geschwindigkeit von 0,5 m/s, und Abbildung 7.2 b) zeigt dieselbe Untersuchung bei einer Anregungsfrequenz des Sinussignals von 0,75 Hz. In beiden Fällen ist die sinusförmige Wiedergabetreue gewährleistet, die auf die Linearität des Sensorsystems hinweist.

Mit höher werdender Signalfrequenz ist eine Dämpfung der Amplitude und eine Phasenverschiebung zu beobachten, die in erster Linie Aufschluss über die Bandbreite des Sensors bei der Geschwindigkeit von 0,5 m/s gibt. Zwischen dem elektrischen Sinussignal $u_{HD}(t)$ und dem ersten Thermospannungssignal $u_{TE,1}(t)$

herrscht bei 0,25 Hz eine Laufzeitverzögerung von etwa -0,82 s und bei 0,75 Hz eine Laufzeitverzögerung von etwa -0,51 s. Daraus ergeben sich eine Phasenverschiebung von -73,8° für die Signalfrequenz von 0,25 Hz und eine Phasenverschiebung von -137,7° für die Signalfrequenz von 0,75 Hz. Mit größer werdender Signalfrequenz nimmt die Phasenverschiebung zu. Offensichtlich ist die Bandbreite des Sensors kleiner als die gewählte Frequenz von 0,75 Hz des Sinussignals, da das Signal durch das Sensorsystem stärker gedämpft wird.

Die Dämpfung und die zeitliche Verschiebung in dem Sensorsystem werden entsprechend durch die Wärmediffusion und Wärmekonvektion beschrieben. Welche Auswirkungen diese Effekte in dem System auf die Signale haben, wird in dem kommenden Abschnitt erläutert.

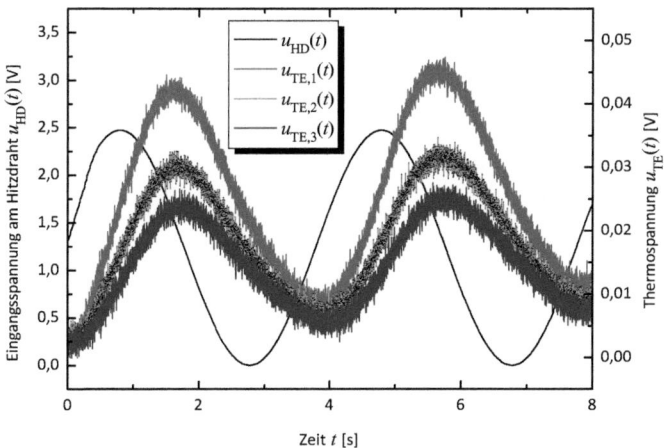

a)

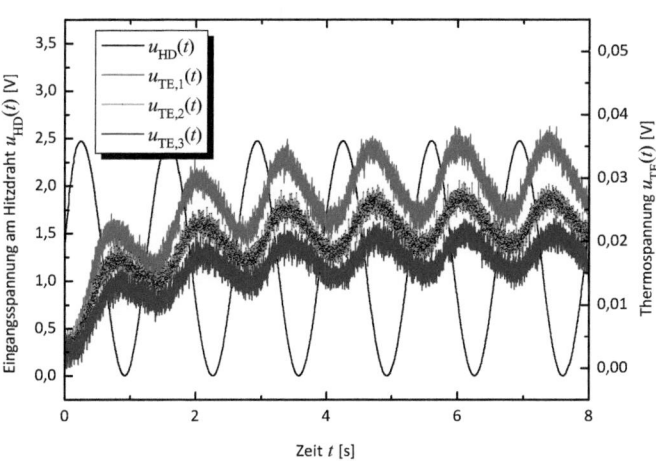

b)

Abbildung 7.2: Sinussignal mit einer Frequenz von 0,25 Hz in a) und einer Frequenz von 0,75 Hz in b) als elektrisches Eingangssignal am Hitzdraht und dessen Systemantwort an den drei Thermoelementen bei einer Strömungs-geschwindigkeit von 0,5 m/s in Luft für $\Delta x_{01} = \Delta x_{12} = \Delta x_{23} = 0,02$ m.

7.2 Konvektive und diffusive Signalbildung

Einen besseren Aufschluss über das Sensorsystem erhält man durch eine impulsförmige Anregung, die durch einen elektrischen Rechteckpuls am Hitzdraht mit einer Pulsbreite von 500 ms realisiert wird. Auf diese Weise ist das Sensorsystem vollständig identifiziert, da die Systemantwort näherungsweise die Impulsantwort wiedergibt. Abbildung 7.3 a) zeigt die typische thermofluiddynamische Impulsantwort von drei Sensorausgängen bei einer konstanten Strömungsgeschwindigkeit von 0,15 m/s in Luft. Der Offset der Signale ist bereinigt, so dass die Thermospannungsänderung die Temperaturänderung hinsichtlich der Umgebungstemperatur darstellt. Die durch die erzwungene Wärmekonvektion verursachte zeitliche Verschiebung der Wärmepulse ist deutlich zu erkennen. Gleichzeitig sorgt die Wärmediffusion für eine „Ausschmierung" der Wärmepulse und eine Verlagerung des lokalen Maximums, die die tatsächliche thermische Laufzeit aus der Wärmeadvektion manipulieren. Die normierte Darstellung der Wärmepulse befindet sich in Abbildung 7.3 b). In dieser Darstellung ist die zeitliche Verschiebung der Wärmepulse deutlicher wahrzunehmen. Den Einfluss der Wärmediffusion erkennt man in der Halbwertsbreite (FWHM: Full Width at Half Maximum), die mit steigender Wärmepulslaufstrecke zunimmt. Der Wärmepuls am Thermoelement 1 besitzt eine Halbwertsbreite von $FWHM_{TE,1}$ = 2,02 s, während der am Thermoelement 2 eine Halbwertsbreite von $FWHM_{TE,2}$ = 2,096 s und der am Thermoelement 3 eine Halbwertsbreite von $FWHM_{TE,3}$ = 2,1425 s aufzeigen.

Abbildung 7.4 a) stellt die Impulsantworten des Sensors nun für drei unterschiedliche Strömungsgeschwindigkeiten an einem Detektionsort dar. Neben den konvektiven und diffusiven Effekten auf den Wärmepuls an einem Detektionsort erfolgt zusätzlich durch Variation der Geschwindigkeit eine weitere Beeinflussung des Signals. Dabei werden zwei wesentliche Signalparameter beeinflusst: Amplitude und Zeitkonstante. Die Amplitude wird bei höheren Strömungsgeschwindigkeiten durch die kühlende Wirkung am Hitzdraht, und somit auch an den stromabwärts befindlichen Thermoelementen, geringer. Die Abfallzeitkonstante wird ebenfalls mit steigender Strömungsgeschwindigkeit kleiner, welche besonders in Abbildung 7.4 b) bei der normierten Darstellung von Abbildung 7.4 a) zu beobachten ist. Der Grund liegt in der Nußelt-Zahl, die mit steigender Geschwindigkeit wächst, und umgekehrt proportional zu der Amplitude und

Abfallzeitkonstante steht. Dieses Phänomen wurde bereits im Abschnitt 3.3.1 erläutert.

Durch das exponentielle Anstiegs- und Abstiegsverhalten der thermofluiddynamische Signale im Zeitbereich ist eine Tiefpasscharakteristik des Sensorsystems, die grundsätzlich durch die träge wärmekapazitive Eigenschaft des Hitzdrahts erzeugt wird, zu erkennen. Eine Untersuchung der Ordnung des Tiefpasssystems wird in dem Frequenzbereich durch die Fourier-Transformation der thermofluiddynamischen Signale erreicht.

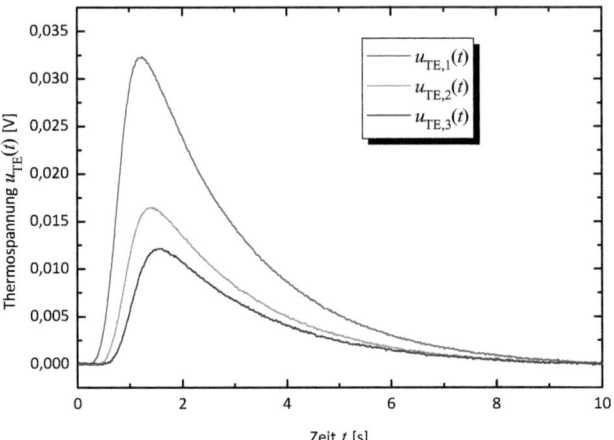

a)

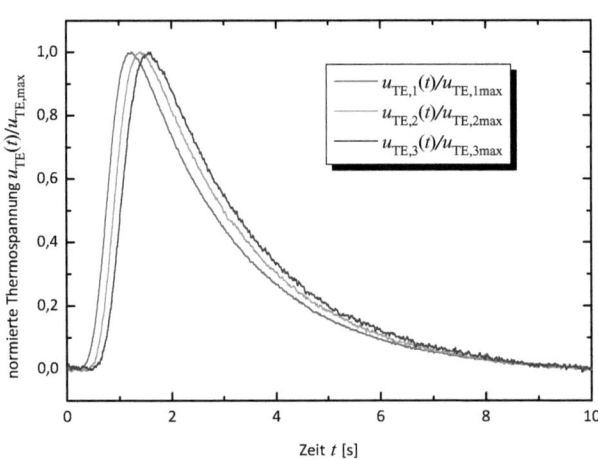

b)

Abbildung 7.3: Experimentelle Impulsantworten des Strömungssensors an drei Detektionsorten bei einer konstanten Strömungsgeschwindigkeit von 0,15 m/s als absolute Thermospannungssignale in a) und als ihre normierten Funktionen in b) in Luft für $\Delta x_{01} = \Delta x_{12} = \Delta x_{23} = 0{,}02$ m.

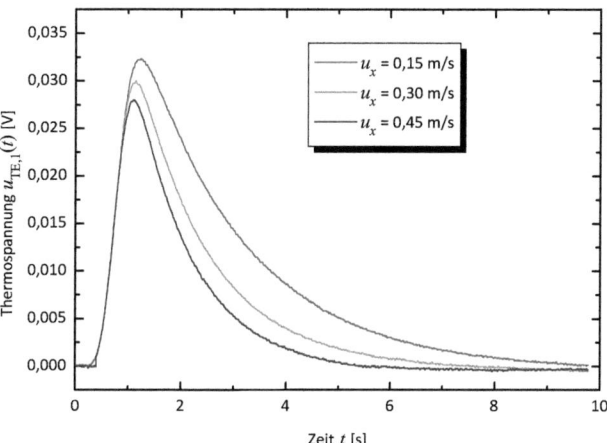

a)

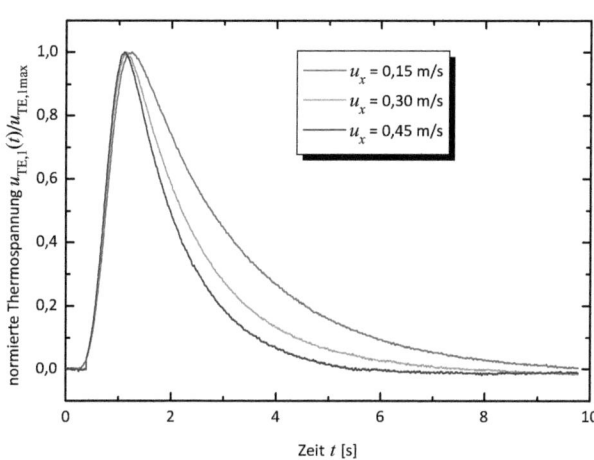

b)

Abbildung 7.4: Experimentelle Impulsantworten des Strömungssensors für drei Strömungs-geschwindigkeiten an einem Detektionsort als absolute Thermospannungs-signale in a) und als ihre normierten Funktionen in b) in Luft für $\Delta x_{01} = 0,02$ m.

Abbildung 7.5 zeigt den normierten Frequenzgang der Temperatursignale am Thermoelement 1 bei drei Strömungsgeschwindigkeiten. Die 3 dB-Grenzfrequenzen ergeben sich mit $f_{3dB}(u_x = 0{,}15$ m/s$) = 0{,}065$ Hz, $f_{3dB}(u_x = 0{,}3$ m/s$) = 0{,}101$ Hz und $f_{3dB}(u_x = 0{,}45$ m/s$) = 0{,}139$ Hz für die entsprechenden Strömungsgeschwindigkeit. Der Frequenzgang für alle drei Geschwindigkeiten nimmt ab der jeweiligen Grenzfrequenz mit einem Abfall von -20 dB/Dekade ab. Zu höheren Frequenzen hin fällt der Frequenzgang steiler ab, welcher mit einem Abfall von -40 dB/Dekade oder noch näher mit -60 dB/Dekade beschrieben werden kann. Dadurch besitzt das Tiefpasssystem aus dem Frequenzgang heraus mindestens zwei Polstellen.

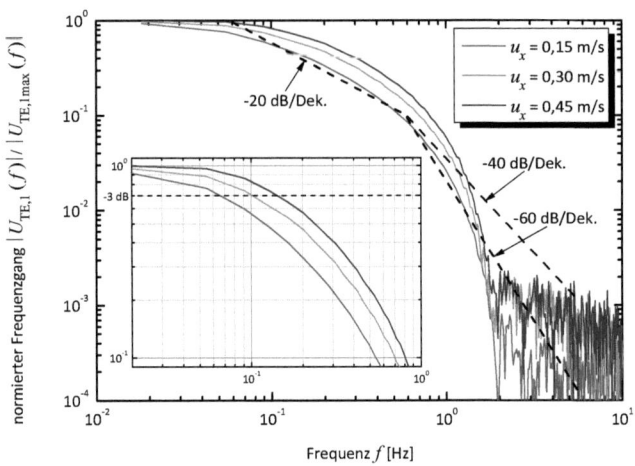

Abbildung 7.5: Normierter Frequenzgang der Thermospannungssignale aus Abbildung 7.4 am Thermoelement 1 bei unterschiedlichen Geschwindigkeiten in Luft; das eingebettete Diagramm zeigt einen vergrößerten Ausschnitt mit der 3 dB-Grenzfrequenz [Eci-10].

Ausgehend von den experimentellen Beobachtungen zu den thermofluiddynamischen Impulsantworten in Abhängigkeit der Strömungsgeschwindigkeit und den Sensorabständen wird in Abbildung 7.6 ein erstes Verhaltensmodell mit Simulink gebildet, welches die thermodynamische Konvektion und Diffusion systemtheoretisch entsprechend in einer zeitlichen Verschiebung und einer Dämpfung wiedergibt. Das Eingangssignal $V_{in}(t)$ des Systems führt durch ein Tiefpassfilter zweiter Ordnung (second-order low-pass), um zunächst das erwünschte Signal mit dem geeigneten Anstiegs- und Abfallverhalten gemäß dem dynamischen Hitzdrahtverhalten zu bilden. Die Übertragungs-funktion wird im Laplace-Bereich beschrieben und charakterisiert den umströmten Hitzdraht. Demzufolge entspricht das Ausgangssignal des Tiefpasssystems einem Thermospannungssignal am Hitzdraht. Aus drei unkorrelierten Rauschquellen werden Weiße Gaußsche Rauschsignale erzeugt, die als Störsignale $n_1(t)$, $n_2(t)$ und $n_3(t)$ auf die Nutzsignale additiv überlagert werden. Über die Varianz σ^2 wird die Rauschleistung eingestellt. Für die Modellierung von drei Thermoelementen stromabwärts werden für jede Laufstrecke je ein Verschiebungsglied (Advection 1-3), das die Signale entsprechend einer konstanten Strömungsgeschwindigkeit um eine Laufzeit verschiebt, und ebenfalls für jede Laufstrecke je ein Dämpfungsglied (Diffusion 1-3), das die thermische Leistung entsprechend der Laufstrecke über drei Dämpfungsfaktoren df_1, df_2 und df_3 schwächt, angewendet. Insgesamt handelt es sich bei dem Modell um ein verzerrungsfreies System, bei dem die Ausgänge $V_{out1}(t)$, $V_{out2}(t)$ und $V_{out3}(t)$ formgleich mit dem Eingangssignal $V_{in}(t)$ sind.

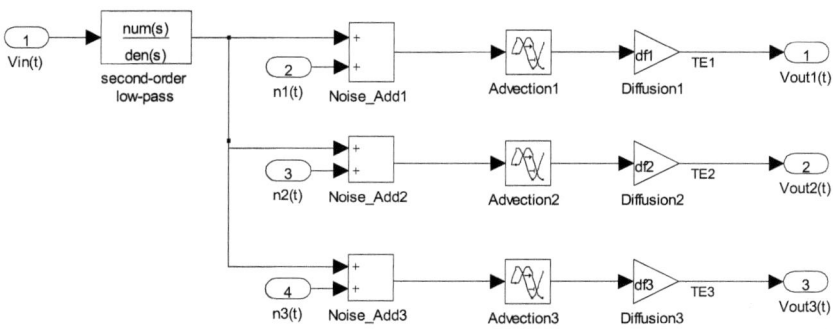

Abbildung 7.6: Simulink Blockschaltbild des thermofluiddynamischen TOF-Strömungs-sensors bestehend aus einem verzerrungsfreien Tiefpasssystem zweiter Ordnung, drei unkorrelierten Rauschgeneratoren, und je drei Verschiebungs- und Dämpfungsgliedern [Eci-11a].

Einen Vergleich zwischen den simulierten und experimentellen Impulsantworten der drei Laufstrecken gemäß dem Verhaltensmodell zeigt Abbildung 7.7 bei einer Strömungsgeschwindigkeit von 0,1 m/s für Luft, wobei das elektrische Eingangssignal am Hitzdraht ein Rechteckpuls mit einer Pulsbreite von 100 ms ist. Die Zeitkonstanten des Tiefpasssystems für den

Anstieg und den Abstieg betragen $T_r = 0{,}22$ s und $T_f = 2{,}2$ s für alle Laufstrecken. Der Dämpfungsfaktor nimmt Werte von $df_1 = 0{,}1$, $df_2 = 0{,}06$ und $df_3 = 0{,}04$ an. Die Rauschleistung ist mit einer Varianz von $\sigma^2 = 1{,}5 \cdot 10^{-4}$ modelliert. In Abbildung 7.8 sind die geglätteten Impulsantworten aus der Simulation und dem Experiment am Thermoelement 1 bei drei Strömungsgeschwindigkeiten dargestellt. Weiterhin gibt das Verhaltensmodell für andere Anregungssignalformen wie einen PN-Code in Abbildung 7.9 und ein Sinussignal in Abbildung 7.10 die experimentellen Ergebnisse gut wieder.

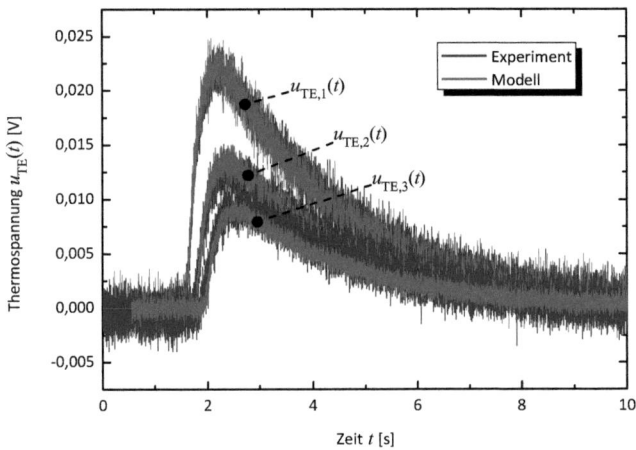

Abbildung 7.7: Experimentelle und simulierte Impulsantwort der drei Thermoelemente bei einer Strömungsgeschwindigkeit von 0,1 m/s in Luft für $\Delta x_{01} = 0{,}02$ m, $\Delta x_{02} = 0{,}0375$ m und $\Delta x_{03} = 0{,}0555$ m.

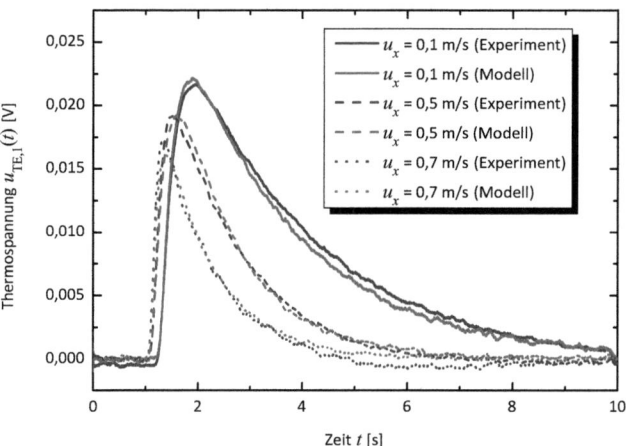

Abbildung 7.8: Experimentelle und simulierte Impulsantwort des Thermoelementes TE1 bei unterschiedlichen Strömungsgeschwindigkeiten in Luft für $\Delta x_{01} = 0{,}02$ m.

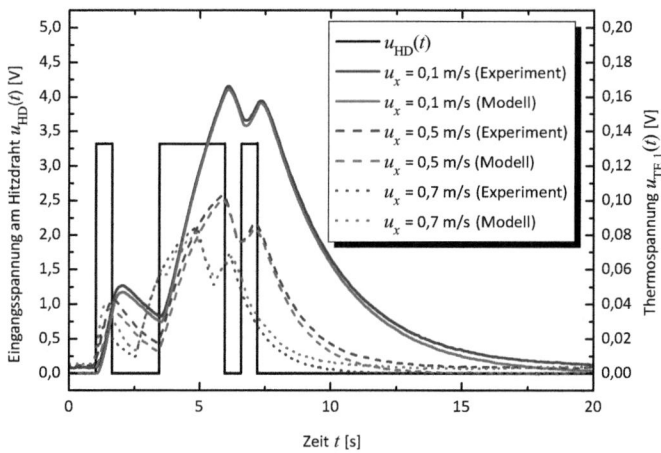

Abbildung 7.9: Experimentelle und simulierte Systemantwort des Thermoelementes TE1 auf einen PN-Code bei unterschiedlichen Strömungsgeschwindigkeiten in Luft für $\Delta x_{01} = 0{,}02$ m.

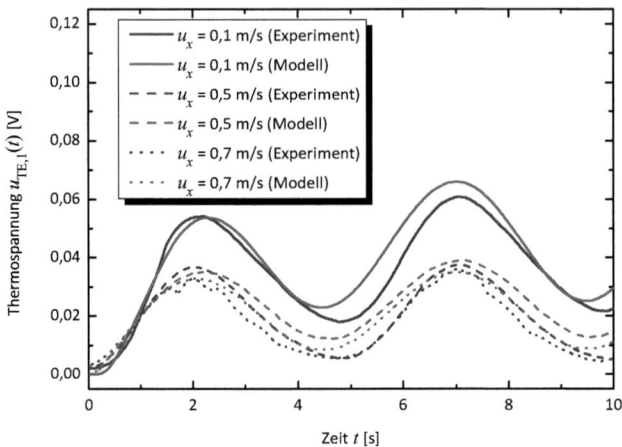

Abbildung 7.10: Experimentelle und simulierte Systemantwort des Thermoelementes TE1 auf ein Sinussignal bei unterschiedlichen Strömungsgeschwindigkeiten in Luft für $\Delta x_{01} = 0{,}02$ m.

Die experimentelle Impulsantwort des Hitzdrahtsystems für verschiedene Geschwindigkeiten gemäß der Darstellung in Abbildung 3.25 und 3.26 aus Abschnitt 3.6 werden in Abbildung 7.11 wiedergegeben. Diese Impulsantworten fungieren als Eingangssignale in das Modellgebiet der Wärmeströmung aus Abschnitt 3.4.1, die je nach Pulslaufstrecke, Strömungsgeschwindigkeit und strömendes Fluid definiert werden [Eci-11b].

ERGEBNISSE 131

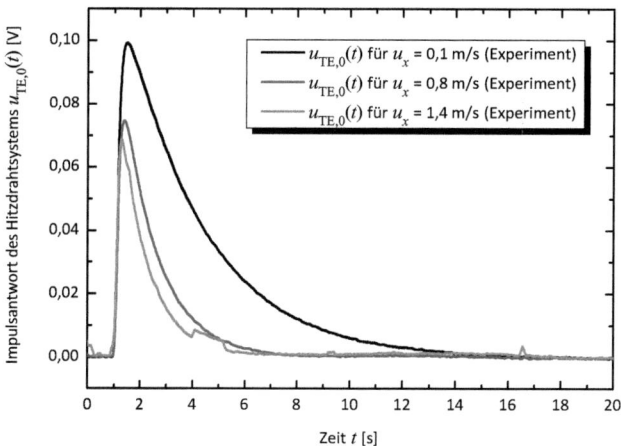

Abbildung 7.11: Experimentelle Impulsantwort des Hitzdrahtsystems bei unterschiedlichen Strömungsgeschwindigkeiten in Luft.

Die Impulsantwort der Wärmeströmung wird durch die Advektion-Diffusion-Gleichung für den eindimensionalen Fall aus Gleichung (3.89) charakterisiert, und der Temperaturverlauf am Ort $x = 0$ bei $u_x = 0$ ist für den dreidimensionalen Fall in Gleichung (3.93) beschrieben. Die Kombination aus Gleichung (3.89) mit (3.93) ergibt:

$$\vartheta_\text{F}(x,t) = \frac{C_3}{t \cdot \sqrt{4 \cdot \pi \cdot a \cdot t}} \cdot e^{-\frac{(x-u_x t)^2}{4 \cdot a \cdot t}}. \quad (7.1)$$

Abbildung 7.12 zeigt die Impulsantworten der Wärmeströmung bei einer konstanten Strömungsgeschwindigkeit von 0,8 m/s. Die dreidimensionale Proportionalitätskonstante C_3 ist bei allen Pulslaufstrecken konstant gehalten. Im Gegensatz zu dem verzerrungsfreien Verhaltensmodell aus Abbildung 7.6 bewirkt die Impulsantwort der Wärmeströmung durch die Temperaturleitfähigkeit a des Fluids eine Dämpfungsverzerrung. Dadurch werden keine formgleichen Signale mehr ausgegeben, welche die Bestimmung der Laufzeitverschiebung beeinträchtigt.

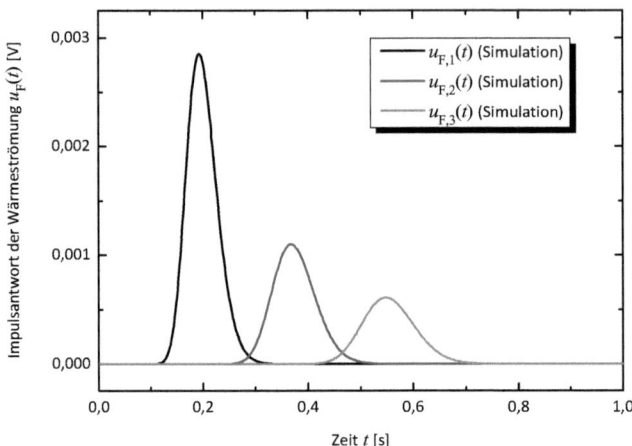

Abbildung 7.12: *Simulierte Impulsantwort der Wärmeströmung bei einer konstanten Strömungsgeschwindigkeit von 0,8 m/s in Luft für Δx_{01} = 0,02 m, Δx_{02} = 0,0375 m und Δx_{03} = 0,0555 m.*

Die Ausgangssignale werden durch die zeitkontinuierliche Faltung zwischen den Impulsantworten am Hitzdraht für verschiedene Strömungsgeschwindigkeiten und der Impulsantwort der Wärmeströmung sowohl für verschiedene Strömungsgeschwindigkeiten als auch für unterschiedliche Pulslaufstrecken ermittelt:

$$u_{HD}(t) * u_F(t) = \int u_{HD}(\tau) \cdot u_F(t - \tau) d\tau . \tag{7.2}$$

In Abbildung 7.13 sind die experimentellen und simulierten Ausgangssignale des Sensors bei einer konstanten Strömungsgeschwindigkeit von 0,8 m/s an drei Detektionsorten dargestellt. Abbildung 7.14 zeigt die experimentellen und simulierten Ausgangssignale des Sensors bei drei Strömungsgeschwindigkeiten von 0,1 m/s, 0,8 m/s und 1,4 m/s an einem Detektionsort. Die Advektion-Diffusion-Gleichung modelliert das Gebiet der Wärmeströmung mit den konvektiven und diffusiven Effekten sehr realitätsnah.

ERGEBNISSE 133

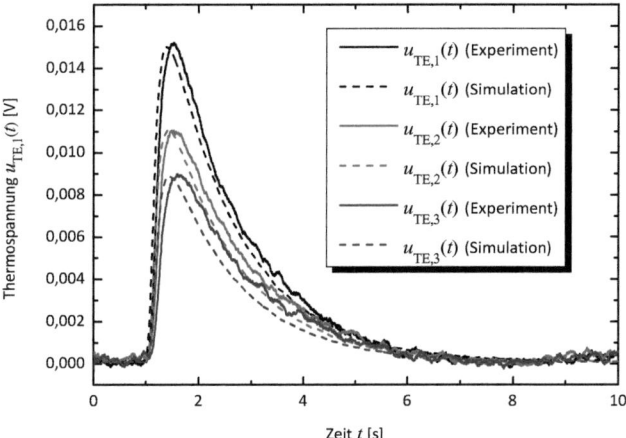

Abbildung 7.13: Experiment und Simulation bei einer konstanten Strömungsgeschwindigkeit von 0,8 m/s in Luft für $\Delta x_{01} = 0,02$ m, $\Delta x_{02} = 0,0375$ m und $\Delta x_{03} = 0,0555$ m.

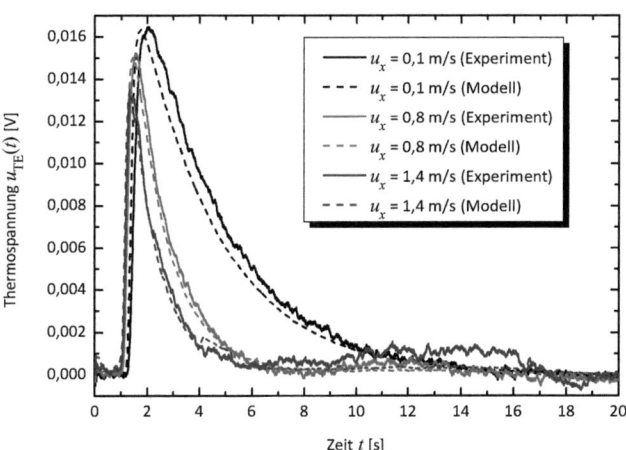

Abbildung 7.14: Experiment und Simulation bei drei Strömungsgeschwindigkeiten in Luft für $\Delta x_{01} = 0,02$ m.

7.3 Thermofluiddynamische Laufzeitanalyse

In diesem Abschnitt wird die Beeinflussung der Laufzeit eines Wärmepulses durch thermodynamische Gegebenheiten mit einem experimentell verifizierten Modell untersucht. Die Nußelt-Zahl bestimmt maßgeblich die thermofluiddynamische Signalbildung am Hitzdraht über die Zeitkonstante und Temperaturänderung. In Abbildung 7.15 ist die Nußelt-Zahl in Abhängigkeit der Strömungsgeschwindigkeit über Gleichung (2.10) und (3.29) für zwei Gase, Helium und Luft, sowie für zwei Flüssigkeiten, Wasser und Öl, dargestellt. Wasser besitzt die größten Werte für die Nußelt-Zahl, die auf die geringste Zeitkonstante und geringste Temperaturänderung im Vergleich mit Helium, Luft und Öl am Hitzdraht deuten.

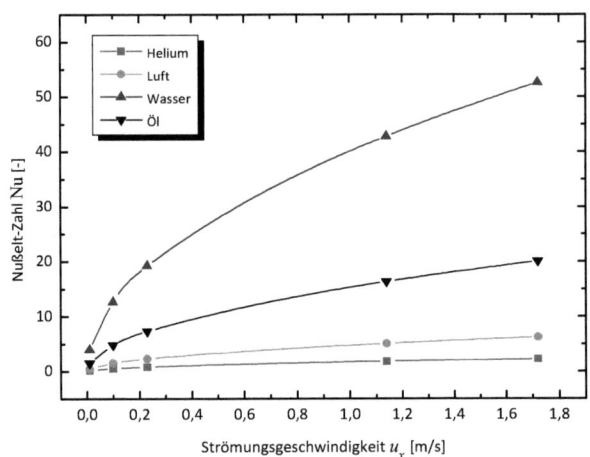

Abbildung 7.15:   *Nußelt-Zahl in Abhängigkeit der Strömungsgeschwindigkeit für den Wärmeübergangsvorgang an dem umströmten Hitzdraht für verschiedene Fluide bei Raumtemperatur.*

Zusätzlich wird das thermofluiddynamische Signal nach seiner Entstehung am Hitzdraht im Gebiet der Wärmeströmung durch das Verhältnis der Wärmekonvektion zur Wärmediffusion beeinflusst. Das Verhältnis dieser beiden Wärmeübertragungsarten wird über die Peclét-Zahl formuliert. Abbildung 7.16 zeigt die Peclét-Zahl in Abhängigkeit der Strömungsgeschwindigkeit. Hierbei weisen die Flüssigkeiten deutlich höhere Peclét-Zahlen auf als die Gase. Im

Gebiet der Wärmeströmung bedeutet dies, dass der Anteil der Wärmediffusion an dem Wärmetransportvorgang bei Gasen entscheidend größer ist, und dass folglich der Effekt der diffusiven Signalbildung zunimmt. Bei sehr geringen Strömungsgeschwindigkeiten wie z.B. bei 0,1 m/s erreicht die Peclét-Zahl für Gase Werte unter eins, Pe_{Helium} = 0,0603 und Pe_{Luft} = 0,4622, so dass der diffuse Effekt über dem konvektiven Effekt dominiert.

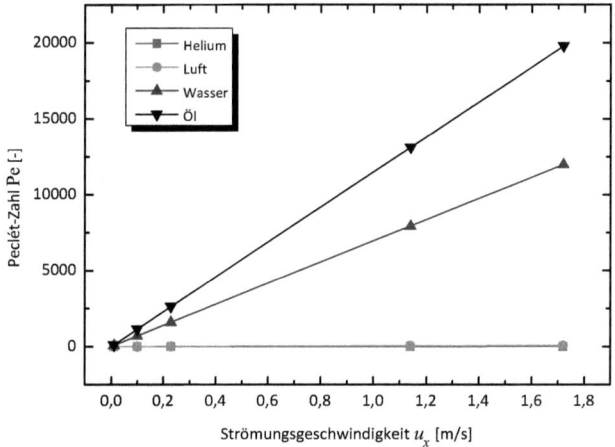

Abbildung 7.16: Peclét-Zahl in Abhängigkeit der Strömungsgeschwindigkeit für den Wärmetransportvorgang in der Strömung für unterschiedliche Fluide bei Raumtemperatur.

Um das numerische FEM-Modell zunächst mit dem experimentellen Versuchstand zu verifizieren, wird das Modell für Luft untersucht. Dabei wird an den Hitzdraht ein elektrisches Signal mit einer Pulsbreite von 100 ms angelegt. Der Vergleich zwischen experimentellen und simulierten Ergebnissen der Impulsantworten am Hitzdraht zeigt Abbildung 7.17 für unterschiedliche Strömungs-geschwindigkeiten. Mit größer werdender Geschwindigkeit nimmt die Zeitkonstante aufgrund der Nußelt-Beziehung ab, welche sowohl im Modell als auch im Experiment zu beobachten ist. Ferner werden mit dem vorhandenen Modell die Impulsantworten am Hitzdraht für Helium, Luft, Wasser und Öl bestimmt. Das Verhalten dieser Fluide bei der gleichen Strömungsgeschwindigkeit zeigt Abbildung 7.18. Wie bereits vorher durch die Nußelt-Zahl angegeben, zeigt Wasser die geringste und Luft die größte

Zeitkonstante auf. Abbildung 7.19 veranschaulicht die Signalbildung am Hitzdraht für Wasser bei verschiedenen Geschwindigkeiten.

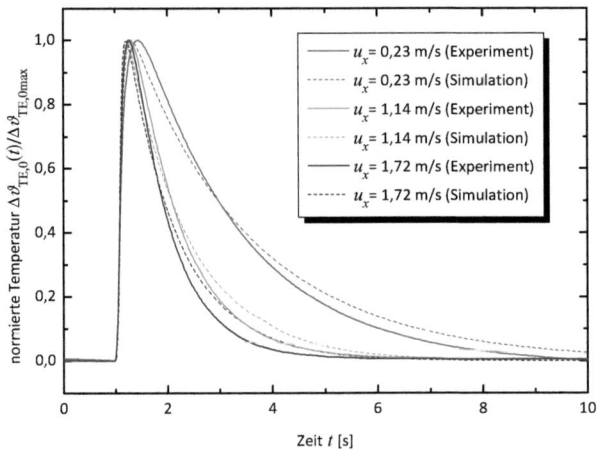

Abbildung 7.17:   *Vergleich zwischen numerischer FEM-Simulation und experimentellen Ergebnissen der thermofluiddynamischen Signale am Hitzdraht für Luft bei unterschiedlichen Strömungsgeschwindigkeiten.*

ERGEBNISSE 137

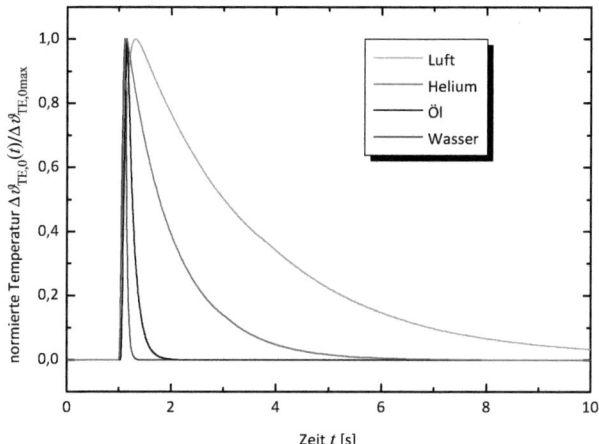

Abbildung 7.18: Numerische FEM-Simulation der thermofluiddynamischen Signale am Hitzdraht für vier Fluide bei einer Strömungsgeschwindigkeit von 0,23 m/s.

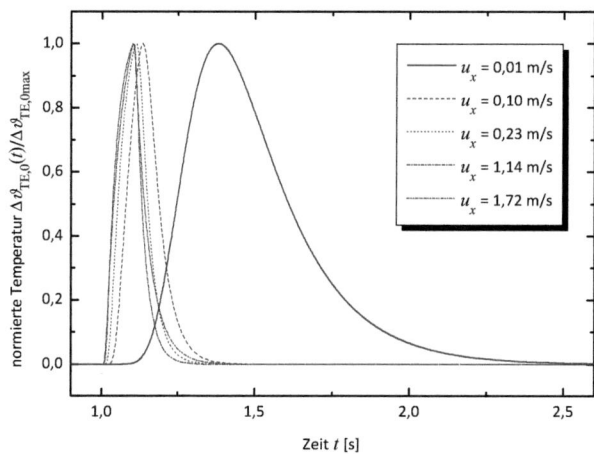

Abbildung 7.19: Numerische FEM-Simulation der thermofluiddynamischen Signale am Hitzdraht für Wasser bei unterschiedlichen Strömungsgeschwindigkeiten.

Die Laufzeitanalyse im Gebiet der Wärmeströmung erfolgt über die Kreuzkorrelation von zwei thermofluiddynamischen Signalen, die stromabwärts von entsprechend zwei Thermoelementen detektiert werden. In Abbildung 7.20 ist durch die numerische Simulation die thermofluid-dynamische Laufzeit über der Peclét-Zahl bei unterschiedlichen Geschwindigkeiten für Helium und Luft aufgetragen [Eci-11c]. Der Laufzeitfehler für Helium ist bei einer Geschwindigkeit von 0,1 m/s größer als der für Luft bei derselben Geschwindgkeit. Je kleiner die Peclét-Zahl ist, desto größer ist die Abweichung der ermittelten Laufzeit zu der tatsächlich zu erreichenden Laufzeit, die über das Zeit-Geschwindigkeit-Gesetz (ZGG) festgelegt ist. Mit größer werdender Peclét-Zahl wird der Laufzeitfehler deutlich geringer. Derselbe Effekt der Laufzeitmanipulation durch kleine Peclét-Zahlen ergibt sich für Wasser und Öl in Abbildung 7.21 [Eci-11c]. Für kleine Peclét-Zahlen ist die Abweichung der Laufzeit größer. Bei der identischen Geschwindigkeit von 0,01 m/s ist der Laufzeitfehler für Wasser aufgrund seiner geringeren Peclét-Zahl größer als für Öl.

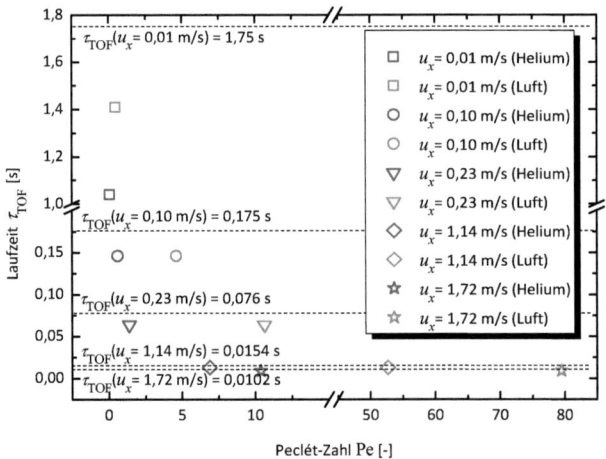

Abbildung 7.20: Numerische Simulation der thermofluiddynamischen Laufzeitbestimmung in Abhängigkeit der Peclét-Zahl für Helium und Luft bei unterschiedlichen Strömungsgeschwindigkeiten (gestrichelte Linien entsprechen dem ZGG).

ERGEBNISSE 139

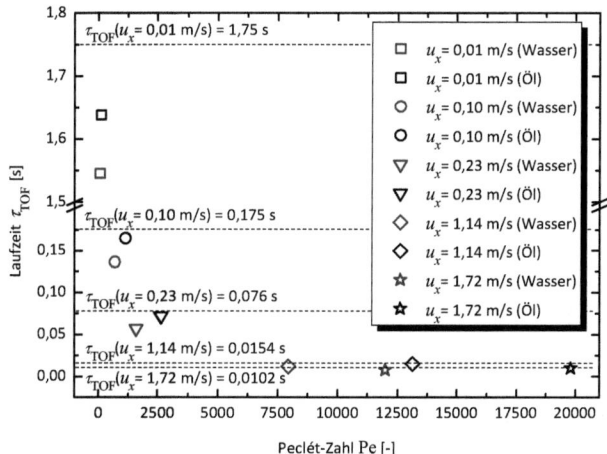

Abbildung 7.21: Numerische Simulation der thermofluiddynamischen Laufzeitbestimmung in Abhängigkeit der Peclét-Zahl für Wasser und Öl bei unterschiedlichen Strömungsgeschwindigkeiten (gestrichelte Linien entsprechen dem ZGG).

7.4 Modellvalidierung des Sensorsystems

Nach den Analysen der anfänglichen Verhaltensmodellierung des gesamten Sensors und der Modellierung im Gebiet der Wärmeströmung erfolgt in diesem Abschnitt die Simulation des gesamten Strömungssensors bestehend aus den einzelnen Submodellen des Hitzdrahtsystems, der Wärmeströmung und der Thermoelemente gemäß ihren Beschreibungen im Abschnitt 3.3, 3.4 und 3.5. Zu Beginn werden die Sprungantworten und Impulsantworten des Hitzdrahtsystems für Luft und Wasser bei unterschiedlichen Strömungsgeschwindigkeiten simulativ und experimentell bestimmt und miteinander verglichen. Anschließend werden die simulierten und experimentellen Ergebnisse mit dem strömenden Wärmepulsvorgang gezeigt. Die impuls- und sprungförmigen Anregungssignale werden durch den elektrischen Strom I_{HD} bzw. die elektrische Spannung U_{HD} am Hitzdraht beschrieben und entsprechend Abbildung 3.11 an das Sensorsystem gelegt. Weitestgehend bleiben alle das Sensorsystem charakterisierende Modellparameter bis auf die geschwindigkeits-, fluid- und detektionsortsabhängigen Größen gleich. Abbildung 7.22 zeigt die simulierten und experimentellen Sprungantworten des Hitzdrahtsystems für Luft bei unterschiedlichen Strömungsgeschwindigkeiten. Hierbei ist ein elektrischer Rechteckpuls mit einer Pulsbreite von 20 s, um den stationären Temperaturendwert am Hitzdraht zu erreichen, und einer Stromamplitude von 0,7 A als Eingangssignal angelegt. Mit steigender Strömungsgeschwindigkeit wird sowohl die Zeitkonstante des Systems als auch die Temperaturänderung kleiner.

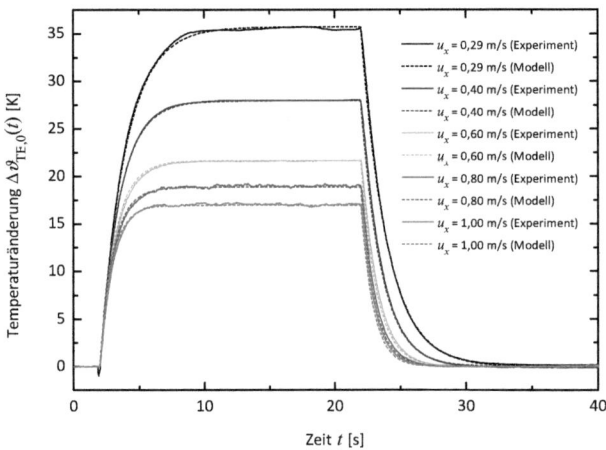

Abbildung 7.22: Sprungantwort des Hitzdrahtsystems in Luft bei unterschiedlichen Strömungsgeschwindigkeiten.

Bei dieser simulierten Sprungantwort für Luft wird die geschwindigkeitsabhängige Strom-linienführung am Hitzdraht mit einberechnet. Diese variiert, wie in Abbildung 6.13 verdeutlicht, die Überströmlänge, die ausschlaggebend für die Menge der übertragenen Wärme an dem System ist. Abbildung 7.23 zeigt die Abnahme der Überströmlänge am Hitzdraht mit steigender Strömungsgeschwindigkeit für den Luftversuch aufgrund der kürzer werdenden Stromlinien.

ERGEBNISSE

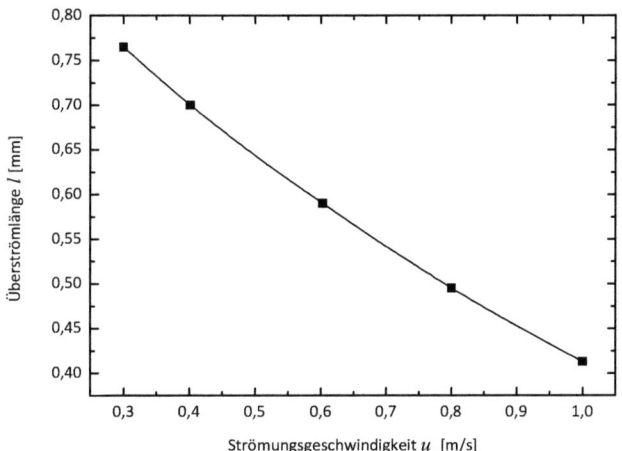

Abbildung 7.23: Überströmlänge in Abhängigkeit der Strömungsgeschwindigkeit an dem Hitzdraht in Luft.

Die Sprungantworten für Wasser zeigt Abbildung 7.24 bei Anlegen eines elektrischen Rechteckpulses mit einer Pulsbreite von 10 s und einer Stromamplitude von 9,8 A. Die quantitativen Unterschiede in der elektrischen Energiezufuhr zwischen Luft und Wasser demonstriert noch einmal Abbildung 3.15. Die kleiner gewählte Pulsbreite bei Wasser ist auf die entsprechend kleinere Zeitkonstante übereinstimmend mit Abbildung 3.16 zurückzuführen.

Die simulative und experimentelle Bestimmung der Impulsantwort am Hitzdraht wird mit einer erheblich kleineren Pulsbreite des elektrischen Anregungssignals durchgeführt. Für Luft und für Wasser ist eine Pulsbreite von 200 ms gewählt. In Abbildung 7.25 ist auf der Primärachse der Hitzdrahtstrom und auf der Sekundärachse die Temperaturänderung am Hitzdraht aus Simulation und Experiment bei zwei Strömungsgeschwindigkeiten für Luft dargestellt. Hierbei ist für die Modellierung der Überströmlänge am Hitzdraht ein Korrekturterm von 2 mm ergänzt worden. Eine konstante Ansprechzeit des Thermoelementes von 0,09 s am Hitzdraht ist eingestellt.

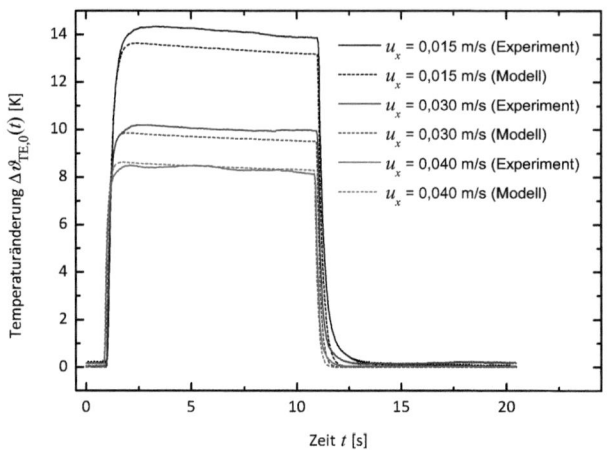

Abbildung 7.24: Sprungantwort des Hitzdrahtsystems für Wasser bei drei unterschiedlichen Strömungsgeschwindigkeiten [Eci-12].

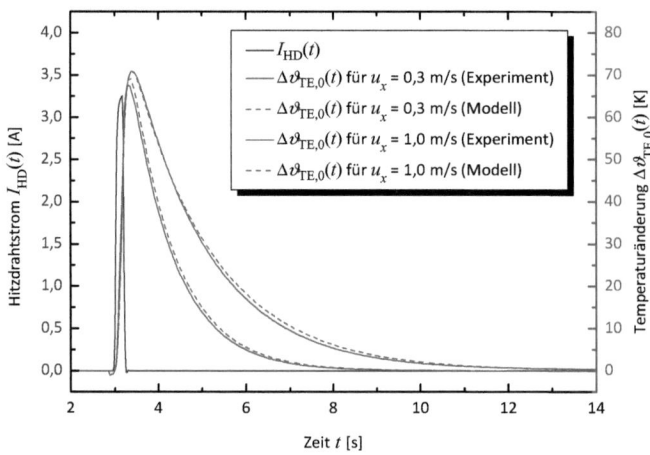

Abbildung 7.25: Experimentelle und simulierte Impulsantwort des Hitzdrahtsystems für Luft bei unterschiedlichen Strömungsgeschwindigkeiten.

Nach Ausschalten der elektrischen Energiezufuhr am Hitzdraht hat die Temperatur am Thermoelement ihren Endwert noch nicht erreicht. Dieses Verhalten zeigen Systeme zweiter Ordnung; es bestätigt hiermit die Richtigkeit des Tiefpasssystems aus der Verhaltensmodellierung. In Abbildung 7.26 ist auf der Primärachse der Hitzdrahtstrom und auf der Sekundärachse die simulierte und experimentelle Temperaturänderung des Hitzdrahtsystems für Wasser bei unterschiedlichen Strömungsgeschwindigkeiten gezeigt. Auch für Wasser ist wie im Hitzdrahtsystem für Luft eine zeitliche Verschiebung des Temperaturendwertes bezüglich des Abschaltzeitpunkts der elektrischen Energiezufuhr zu beobachten. Die Ansprechzeit des Thermoelementes am Hitzdraht beträgt hierbei 0,07 s.

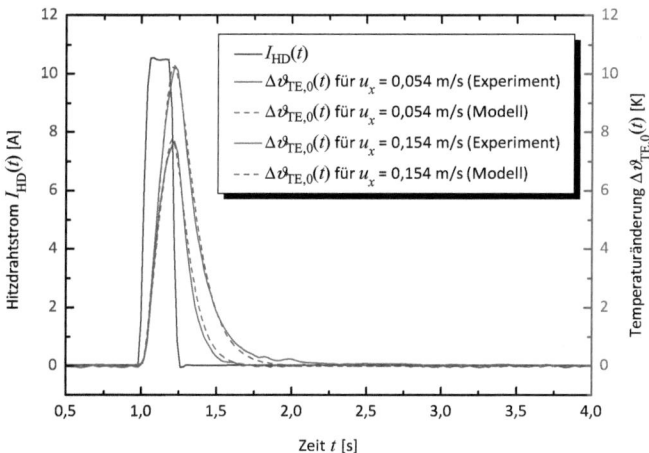

Abbildung 7.26: *Experimentelle und simulierte Impulsantwort des Hitzdrahtsystems für Wasser bei unterschiedlichen Strömungsgeschwindigkeiten [Eci-12].*

Das Modellgebiet der Wärmeströmung wird mittels Gleichung (7.1) für Wasser bei einer Strömungsgeschwindigkeit von 0,054 m/s und den jeweiligen drei Laufstrecken von Δx_{01} = 0,017 m, Δx_{02} = 0,0288 m und Δx_{03} = 0,0445 m mit derselben Proportionalitätskonstante von C_3 = 0,00135 K·m·s in Abbildung 7.27 gezeigt. Die zeitliche Ausdehnung der Wärmepulse im Wasserströmungsmodell ist aufgrund der deutlich kleineren Temperaturleitfähigkeit dementsprechend schmaler als im Vergleich für Luft in Abbildung 7.12. Die simulierten

Ausgangssignale des Sensors erhält man mit Faltung der Impulsantworten vom Hitzdraht- und Wärmeströmungssystem analog zur Gleichung (7.2).

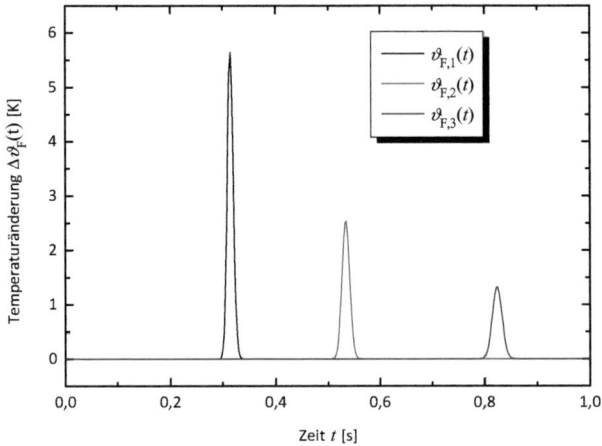

Abbildung 7.27:   *Simulierte Impulsantwort des Wärmeströmungssystems für Wasser an drei Detektionsorten bei einer Strömungsgeschwindigkeit.*

Die sich daraus ergebenden experimentellen und simulierten Impulsantworten des gesamten Sensorsystems bei einer Strömungsgeschwindigkeit von 0,054 m/s sind in Abbildung 7.28 a) und bei einer Strömungsgeschwindigkeit von 0,154 m/s in Abbildung 7.28 b) für Wasser dargestellt. Die Impulsantworten des Sensorsystems für Luft werden in Abbildung 7.29 a) und b) für zwei Strömungsgeschwindigkeiten gezeigt. Die Proportionalitätskonstante aus Gleichung (7.1) beträgt C_3 = 0,0036 K·m·s bei beiden Strömungsgeschwindigkeiten von 0,3 m/s und 1,0 m/s für drei Laufstrecken von Δx_{01} = 0,021 m, Δx_{02} = 0,038 m und Δx_{03} = 0,056 m.

Die charakteristische Länge in der Reynolds-Zahl aus Gleichung (2.8) für den Fall der Umströmung von Körpern ist die Überströmlänge. Für Wasser ergeben sich deutlich höhere Reynolds-Zahlen an umströmten Gebieten, welche bereits bei geringeren Geschwindigkeiten zu Wirbelentstehung führen als im Vergleich für Luft. Der Wärmepuls am Thermoelement 3 aus dem Experiment hat den längsten Laufweg und umströmt somit mehr Körper. Dadurch erfährt er eine größere Strömungsbeeinflussung als die Wärmepulse an den

Thermoelementen 1 und 2, die kürzere Laufwege besitzen. Im Vergleich mit dem Modell sind die simulierten Pulse stets schneller, weil das Vorhandensein von umströmten Körpern in dem Modell nicht aufgenommen ist.

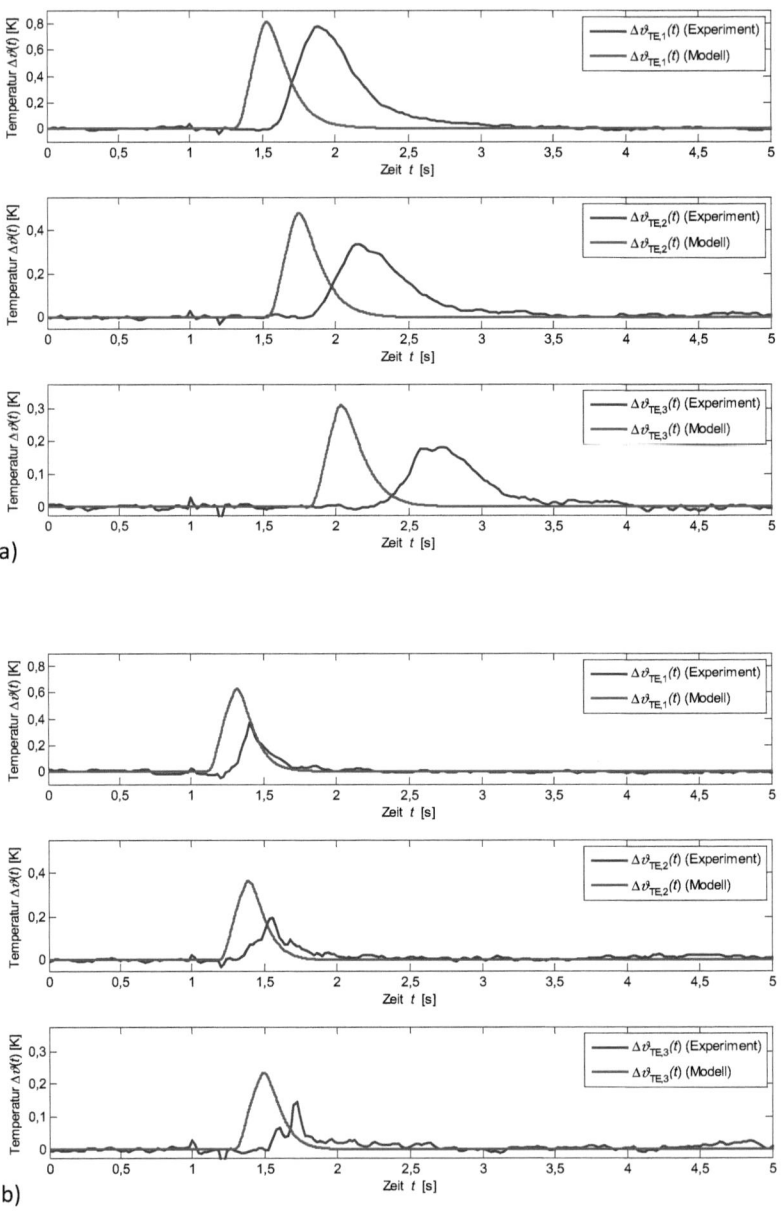

Abbildung 7.28: Experimentelle und simulierte Impulsantwort des Sensorsystems an drei Detektionsorten für Wasser bei einer Strömungsgeschwindigkeit von 0,054 m/s in a) und von 0,154 m/s in b).

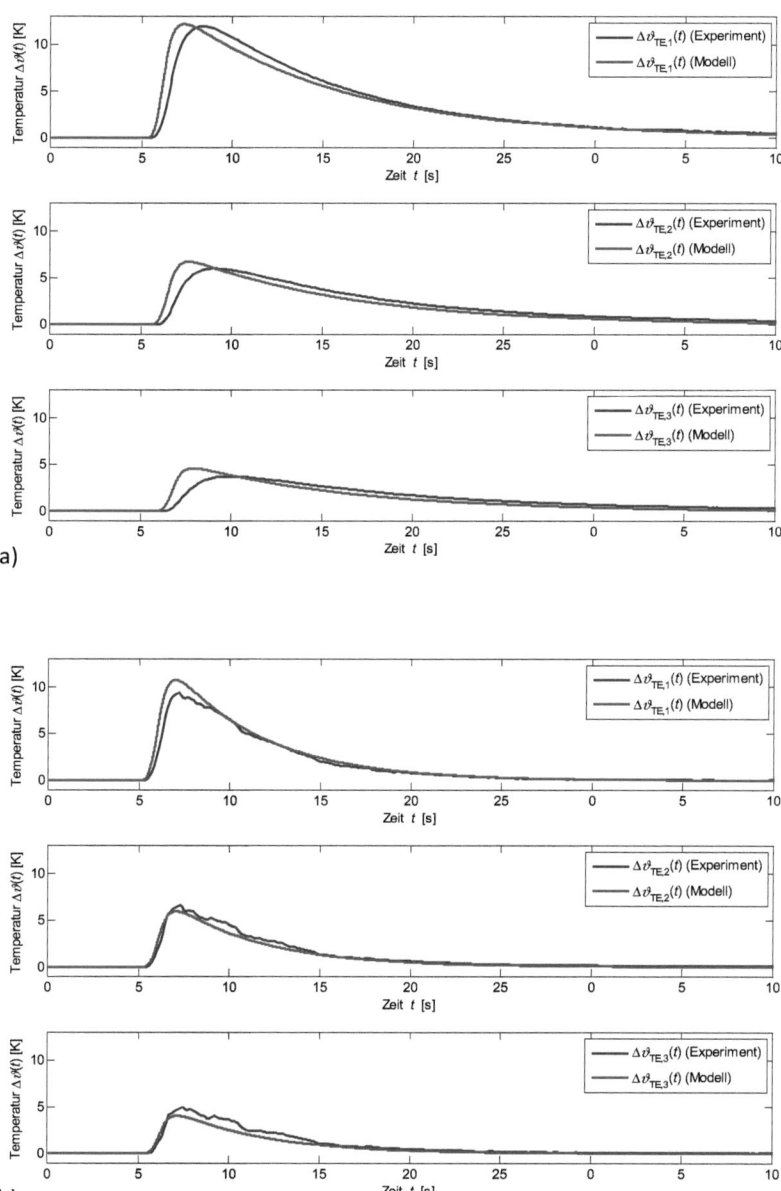

Abbildung 7.29: Experimentelle und simulierte Impulsantwort des Sensorsystems an drei Detektionsorten für Luft bei einer Strömungsgeschwindigkeit von 0,3 m/s in a) und von 1,0 m/s in b).

Zusätzlich gilt das Modell nur für den eindimensionalen Fall des Wärmetransportes. Im Falle der Wärmekonvektion spielt der Dimensionsunterschied keine wesentliche Rolle, da die Strömung eindimensional gerichtet ist. Jedoch breitet sich die Wärmediffusion in der Realität dreidimensional aus, wodurch die Pulse im Experiment stärker gedämpft werden als in der Simulation.

Bei der Anregung des Systems mit einem sinusförmigen Signal als elektrische Eingangsgröße ergibt sich mit Hilfe der thermischen Übertragungsfunktion aus der allgemeinen Beziehung:

$$K_{th}(t) = \frac{I_{HD}^2(t) \cdot R_F}{\alpha \cdot A_M}, \tag{7.3}$$

wobei das Eingangsstromsignal $I_{HD}(t)$ mit einem Gleichanteil $I_{HD,0}$ und einem Wechselanteil $I_{HD,A} \cdot \sin(\omega \cdot t)$ beschrieben wird:

$$I_{HD}(t) = I_{HD,0} + I_{HD,A} \cdot \sin(\omega \cdot t), \tag{7.4}$$

eine thermische Übertragungsfunktion von:

$$K_{th}(t) = \frac{I_{HD,0}^2 \cdot R_F}{\alpha \cdot A_M} + \frac{(2 \cdot I_{HD,0} \cdot I_{HD,A} \cdot \sin(\omega \cdot t) + I_{HD,A}^2 \cdot \sin^2(\omega \cdot t)) \cdot R_F}{\alpha \cdot A_M}, \tag{7.5}$$

bestehend analog zum Anregungssignal aus einem thermischen Gleich- und Wechselanteil. Abbildung 7.30 zeigt die experimentelle und simulierte Systemantwort des Hitzdrahts auf eine sinusförmige Anregung mit einer Frequenz von 1 Hz für Wasser bei einer Strömungsgeschwindigkeit von 0,054 m/s. Auf der Primärachse ist der reine Wechselanteil des Hitzdrahtstroms aus Gleichung (7.4) und auf der Sekundärachse die simulierte und experimentelle Temperaturänderung des thermischen Wechselanteils aus Gleichung (7.5) dargestellt.

Das simulative Bode-Diagramm des Hitzdrahtsystems gemäß Gleichung (3.81) und Gleichung (3.82) und des Thermoelements ist für eine Strömungsgeschwindigkeit von 0,054 m/s in Abbildung 7.31 dargestellt. Aus dem Phasengang lässt sich eine Phasenverschiebung von $\varphi = -60°$ für eine Anregungsfrequenz von $f_a = 1$ Hz bestimmen. Die daraus berechnete Laufzeitverschiebung von 0,167 s korreliert mit der Phasenverschiebung zwischen dem elektrischen Eingangssignal und dem thermischen Ausgangssignal am Hitzdraht aus Abbildung 7.30. Aus dem Amplitudengang ergibt sich für das 1 Hz-Sinussignal eine Dämpfung von -6 dB, die durch das Anlegen eines langsameren Sinussignals mit 0,25 Hz auf -0,55 dB verringert werden kann. Die Ausgangssignale der sich stromabwärts befindlichen Thermoelemente für eine sinusförmige Anregung mit einer Frequenz von f_a = 0,25 Hz zeigt Abbildung 7.32. Aus den Phasenverschiebungen werden Strömungsgeschwindigkeiten von u_{12} = 0,0456 m/s, u_{23} = 0,0237 m/s und u_{13} = 0,0299 m/s berechnet.

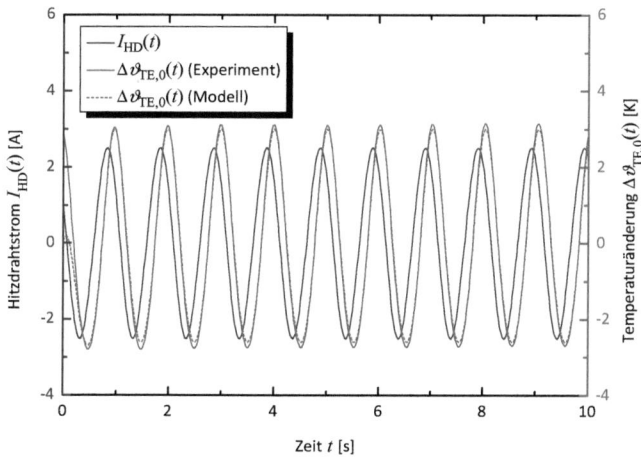

Abbildung 7.30: *Experimentelle und simulierte Systemantwort des Hitzdrahts auf eine sinusförmige Anregung mit einer Frequenz von f_a = 1 Hz für Wasser bei einer Strömungsgeschwindigkeit von 0,054 m/s.*

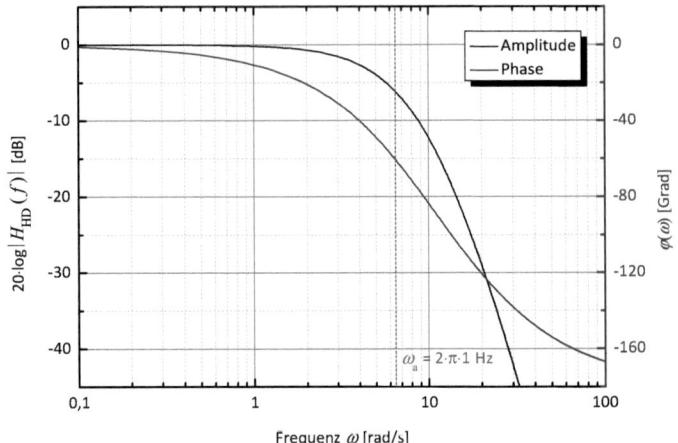

Abbildung 7.31: Berechnetes Bode-Diagramm des Hitzdrahtsystems und des Thermoelements in Wasser bei einer Strömungsgeschwindigkeit von 0,054 m/s und der Signalfrequenz ω_a des Anregungssignals.

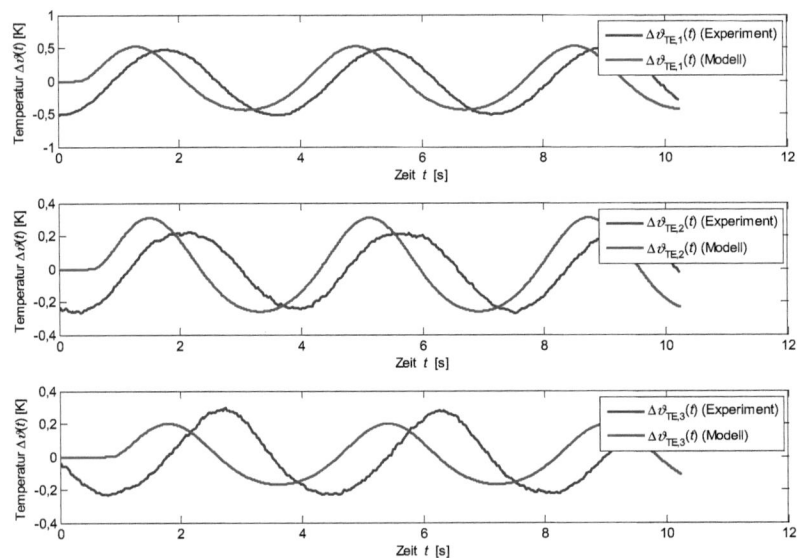

Abbildung 7.32: Systemantwort einer sinusförmigen Anregung mit einer Frequenz von f_a = 0,25 Hz für Wasser an drei Detektionsorten bei 0,054 m/s.

ERGEBNISSE 151

Eine vergleichsweise Untersuchung des Sensorsystems mit einer ähnlichen PN-Codefolge wie im Abschnitt 7.2 für Luft erfolgt für Wasser bei einer Strömungsgeschwindigkeit von 0,054 m/s am Hitzdraht. Abbildung 7.33 zeigt die Anregungsfunktion auf der Primärachse sowie die experimentelle und simulative Systemantwort auf der Sekundärachse. Im Unterschied zu Luft kann die PN-Codefolge das System für Wasser aufgrund seiner wesentlich geringeren Zeitkonstante am Hitzdraht nahezu vollständig durchdringen. Fällt in dem PN-Code eine Zwischensequenz zweier benachbarter Pulse kleiner aus als die Abfallcharakteristik des Hitzdrahtsignals, kann die PN-Codefolge am Systemausgang nicht vollständig rekonstruiert werden. Beispielsweise ist dieses Verhalten zwischen den letzten beiden Sequenzen des Ausgangssignals ersichtlich. Die entsprechenden Sensorausgänge nach drei Pulslaufstrecken werden in Abbildung 7.34 dargestellt. Die erste Sequenz der PN-Codefolge lässt sich in dem Gebiet der Wärmeströmung für alle drei Laufstrecken gut detektieren. Instabil wird das Gebiet der Wärmeströmung für Wasser durch die längere Sequenz. Im Ortsbereich des Temperatur-Geschwindigkeitsfeldes, d.h. der örtlichen Wärmeströmung, bedeutet dies die Mitführung eines stärker expandierten Wärmepulsvolumens, das durch die Einfassung von mehreren Strömungslinien die thermische Stabilität innerhalb seiner Pulslaufstrecke nicht aufrechterhalten kann.

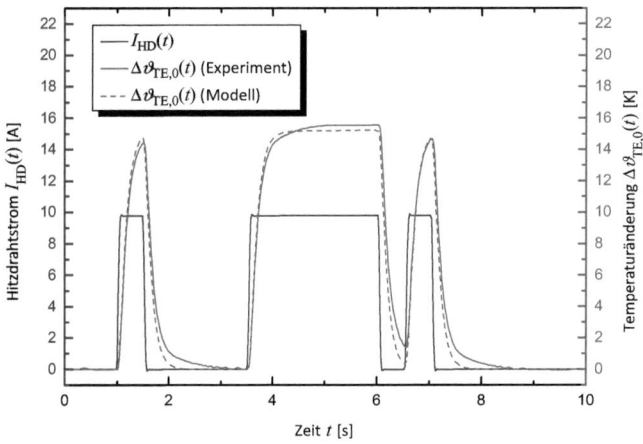

Abbildung 7.33: Systemantwort am Hitzdraht auf eine Anregung mit einer PN-Folge bei einer Strömungsgeschwindigkeit von 0,054 m/s.

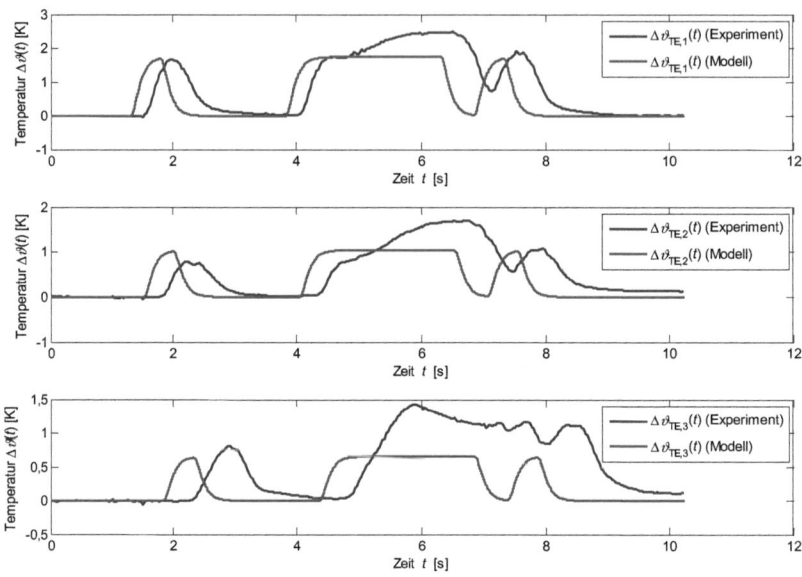

Abbildung 7.34: Vergleich der experimentellen und simulierten Systemantwort stromabwärts an drei Detektionsorten auf eine Anregung mit einer PN-Folge bei einer Strömungsgeschwindigkeit von 0,054 m/s für Wasser.

7.5 Ermittlung der Strömungsgeschwindigkeit

Mindestens zwei thermofluiddynamische Signale werden für die Bestimmung einer Laufzeit und somit einer korrespondierenden Strömungsgeschwindigkeit benötigt. Mittels des Sensorkonzepts im Abschnitt 2.2 und dem Sensoraufbau im Abschnitt 6.1 bzw. Abschnitt 6.2 werden für Luft und Wasser zunächst vier Detektionsorte für die Temperatur definiert. Abbildung 7.35 veranschaulicht durch das Zeit-Geschwindigkeit-Gesetz das Laufzeitverhalten eines temperaturmarkierten Fluidteilchens in Abhängigkeit von sechs Laufstrecken, die sich über Gleichung (2.29) aus drei stromabwärts befindlichen Detektionsorten ergeben. Der geringste Laufzeitgradient zu höheren Strömungsgeschwindigkeiten hin ist in der Kennlinie mit der kürzesten Laufstrecke Δx_{12} enthalten.

ERGEBNISSE 153

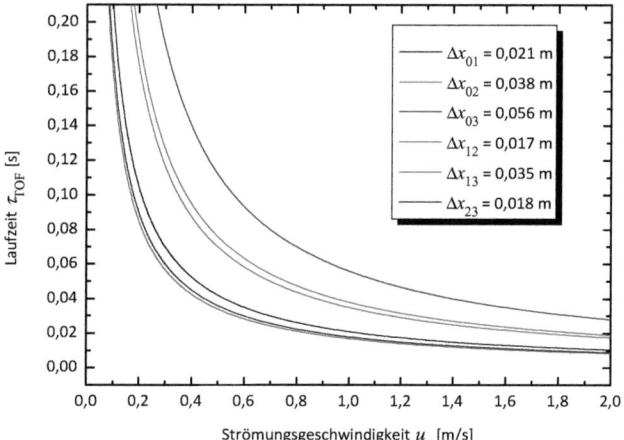

Abbildung 7.35: Zeit-Geschwindigkeit-Gesetz des Strömungssensors in Luft.

Aus dem Zeit-Geschwindigkeit-Gesetz ergibt sich über eine Laufstrecke Δx und eine Geschwindigkeit u_x eine Laufzeit τ_{TOF}:

$$\tau_{TOF} = \frac{\Delta x}{u_x}. \tag{7.6}$$

Diese Laufzeit kann von einem digitalen Messdatenerfassungssystem nicht exakt wiedergegeben werden, da die zeitliche Auflösung der gemessenen Daten durch die Abtastfrequenz f_s beschränkt ist. Auf diese Weise entsteht bei der gemessenen Laufzeit $\tau_{TOF,mess}$ ein systematischer Messfehler, der abhängig von der Abtastfrequenz und von dem Laufzeitgradienten aus Gleichung (7.6) ist. Die gemessene Laufzeit nimmt stets diskrete Werte an, die durch die Abtastfrequenz vorgegeben werden. Die tatsächliche Laufzeit unterliegt einer Abweichung, die durch Aufrundung den Wert vergrößert bzw. durch Abrundung den Wert verkleinert. Die Aufrundung der gemessenen Laufzeit auf die kleinste ganze Zahl, die größer als $\tau_{TOF,mess}$ ist, wird durch die Multiplikation mit der Abtastfrequenz erreicht:

$$\lceil \tau_{TOF,mess} \rceil = \frac{\Delta x}{u_x} \cdot f_s = N_{auf}. \tag{7.8}$$

Für die Abrundung auf die größte ganze Zahl, die kleiner als $\tau_{\text{TOF,mes}}$ ist, gilt dementsprechend:

$$\lfloor \tau_{\text{TOF,mess}} \rfloor = \frac{\Delta x}{u_x} \cdot f_s = N_{\text{ab}}, \tag{7.9}$$

mit N_{auf} und N_{ab} als ganze Zahlen. Aus diesen beiden Gleichungen wird der systematische Fehler durch die Strömungsgeschwindigkeit u_x, die Laufstrecke Δx und die Abtastfrequenz f_s verdeutlicht. Mit größer werdender Strömungsgeschwindigkeit, kleiner werdender Laufstrecke und Abtastfrequenz steigt der systematische Fehler. Die absolute Abweichung $\Delta\tau_{\text{TOF,auf}}$ der Laufzeit bei Aufrundung wird zu:

$$\Delta \tau_{\text{TOF,auf}} = \frac{N_{\text{auf}}}{f_s} - \tau_{\text{TOF}}. \tag{7.10}$$

Entsprechend ergibt sich die absolute Abweichung $\Delta\tau_{\text{TOF,ab}}$ der Laufzeit bei Abrundung zu:

$$\Delta \tau_{\text{TOF,ab}} = \frac{N_{\text{ab}}}{f_s} - \tau_{\text{TOF}}. \tag{7.11}$$

Die relative Abweichung $a_{\text{r(TOF,auf)}}$ der Laufzeit bei Aufrundung von der tatsächlichen Laufzeit τ_{TOF} wird zu:

$$a_{\text{r(TOF,auf)}} = \left| \frac{\Delta \tau_{\text{TOF,auf}} - \tau_{\text{TOF}}}{\tau_{\text{TOF}}} \right| \cdot 100. \tag{7.12}$$

Entsprechend ergibt sich die relative Abweichung $a_{\text{r(TOF,ab)}}$ der Laufzeit bei Abrundung von der tatsächlichen Laufzeit τ_{TOF} zu:

$$a_{\text{r(TOF,ab)}} = \left| \frac{\Delta \tau_{\text{TOF,ab}} - \tau_{\text{TOF}}}{\tau_{\text{TOF}}} \right| \cdot 100. \tag{7.13}$$

Für einen Geschwindigkeitsbereich von 0 bis 2,0 m/s sind in Abbildung 7.36 a) die relative Abweichung der Laufzeit durch Aufrundung bei einer Abtastfrequenz von 50 Hz für drei Laufstrecken und in Abbildung 7.36 b) die relative Abweichung der Laufzeit durch Abrundung entsprechend dargestellt. In dem gesamten Geschwindigkeitsbereich ist sowohl durch die Aufrundung als auch durch die Abrundung für ein ganzzahliges Vielfaches des Abtastintervalls Δt_s die relative Abweichung null Prozent:

$$N_{\text{auf,ab}} \cdot \Delta t_s = \frac{\Delta x}{u_x}. \tag{7.14}$$

Befindet sich der tatsächliche Laufzeitwert zwischen zwei Abtastintervallen, ergibt sich entsprechend den Verläufen eine Abweichung, die zu höheren Geschwindigkeiten hin bis zu 100 % betragen kann. Falls die tatsächliche Laufzeit unterhalb der kleinsten Abtastintervalleinheit liegt, wird sich bei Abrundung stets ein 100 prozentiger Fehler einstellen. Beim Aufrundungsverfahren ist in dieser Abtastintervalleinheit das gleiche Fehlerverhalten zu sehen. Die Abweichung kann durch die Erhöhung der Abtastfrequenz deutlich verringert werden. Abbildung 7.37 a) zeigt die relative Abweichung durch Aufrundung und Abbildung 7.37 b) die relative Abweichung durch Abrundung für eine Abtastfrequenz von 800 Hz. Weiterhin treten zu größeren Geschwindigkeiten hin Abweichungen bis zu 11 % auf.

Die Erfassung der thermofluiddynamischen Signale durch die Thermoelemente erfolgt mit einer Abtastrate von 50 Hz. Eine höhere Abtastung ist durch die geringe Signalfrequenz nicht erforderlich. Für die zeitdiskrete Weiterverarbeitung der Signale ist jedoch eine höhere Auflösung notwendig. Aus diesem Grund wird eine Abtastratenkonvertierung durch Upsampling mit 800 Hz durchgeführt. Die Ermittlung der Strömungsgeschwindigkeit für Luft wird mit Hilfe der thermofluiddynamischen Impulsantworten durchgeführt. Abbildung 7.38 a) zeigt diesbezüglich die thermofluiddynamischen Impulsantworten auf den Spannungseingangsimpuls am Hitzdraht und an drei Detektionsorten stromabwärts bei einer Referenzströmungsgeschwindigkeit von 0,3 m/s in a) und ihre normierte Darstellung in b). Das Verhalten der Signale entspricht der im Abschnitt 7.2 erläuterten konvektiven und diffusiven Wärmeübertragungseffekte für eine homogene laminare Strömung. Mit steigender Strömungsgeschwindigkeit überlagern sich zusätzlich durch strömungsmechanische Effekte Störsignale, die von Turbulenzen und Wirbelentstehungen hinter dem Hitzdraht herrühren. Dadurch sind die lokalen Maxima der Wärmepulse nicht mehr eindeutig auffindbar, da sie von einem aperiodischen Überschwingen bestimmt werden. Diese Beeinflussung der Wärmepulse wird bei einer Strömungsgeschwindigkeit von 1,0 m/s in Abbildung 7.39 veranschaulicht. Je größer die Wärmepulslaufstrecke wird, desto größer ist der Anteil der Störung.

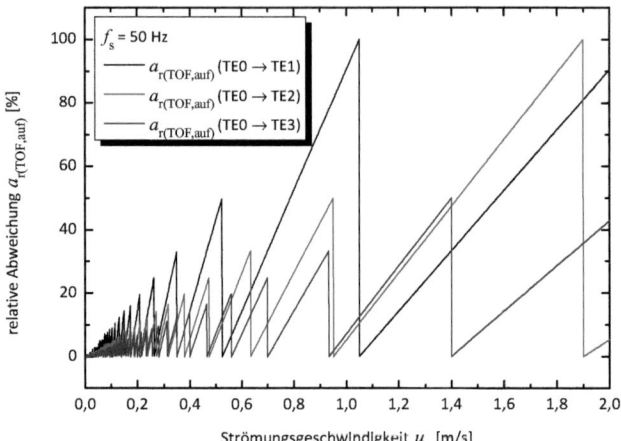

a)

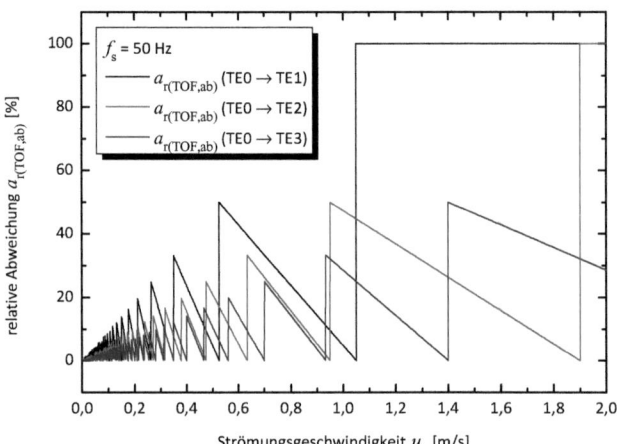

b)

Abbildung 7.36: Relative Abweichung der Laufzeit für drei Laufstrecken mit einer zeitlichen Auflösung von 50 Hz bei Aufrundung in a) und Abrundung in b) für $\Delta x_{01} = 0{,}021$ m, $\Delta x_{02} = 0{,}038$ m und $\Delta x_{03} = 0{,}056$ m.

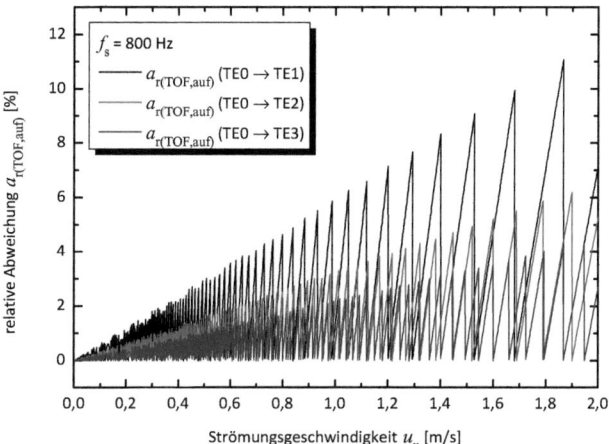

a)

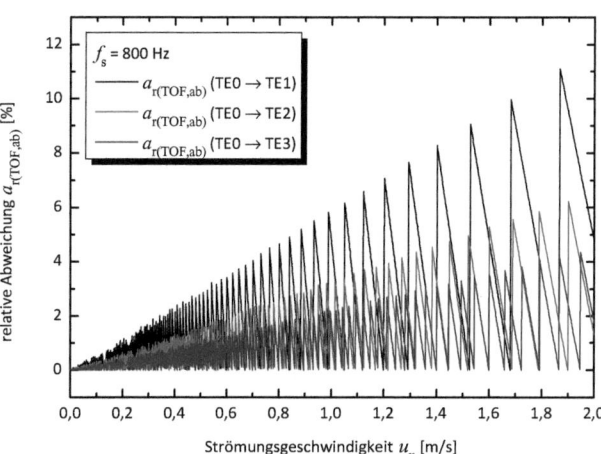

b)

Abbildung 7.37: Relative Abweichung der Laufzeit für drei Laufstrecken mit einer zeitlichen Auflösung von 800 Hz bei Aufrundung in a) und Abrundung in b).

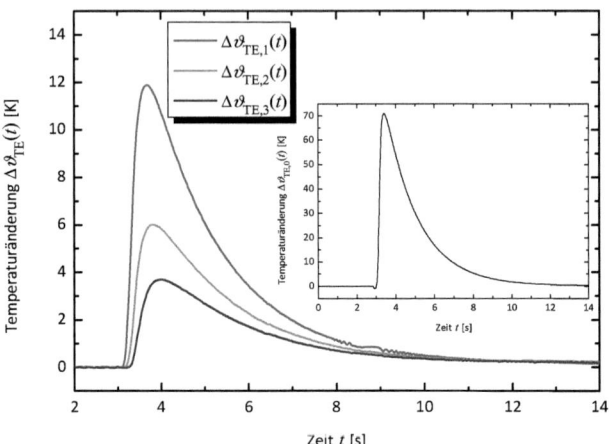

a)

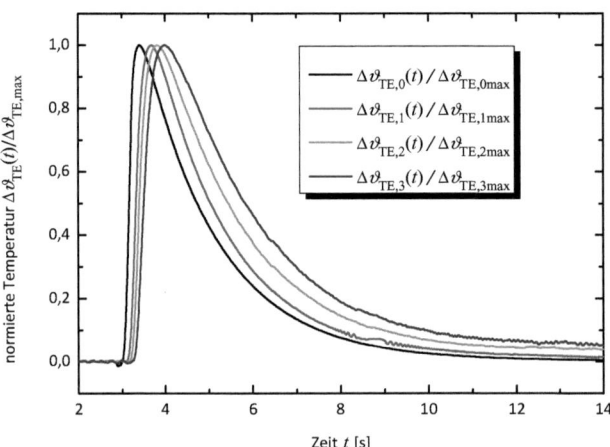

b)

Abbildung 7.38: Thermofluiddynamische Impulsantworten auf den Spannungseingangsimpuls am Hitzdraht (eingebettet) und stromabwärts bei einer Strömungsgeschwindigkeit von $u_x = 0{,}3$ m/s in Luft für $\Delta x_{01} = 0{,}021$ m, $\Delta x_{02} = 0{,}038$ m und $\Delta x_{03} = 0{,}056$ m in a) und ihre normierte Darstellung in b).

ERGEBNISSE

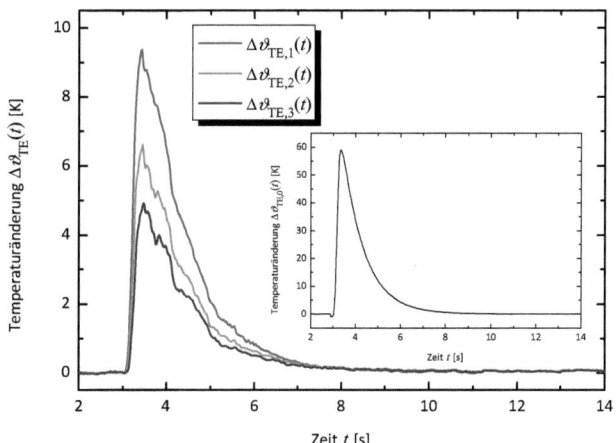

Abbildung 7.39: Bildung des turbulenten Nachlaufs hinter dem Hitzdraht bei einer Strömungsgeschwindigkeit von $u_x = 1,0$ m/s in Luft.

Abbildung 7.40 zeigt die thermischen Kreuzkorrelationsfunktionen in Luft bei einer Strömungsgeschwindigkeit von 0,3 m/s für die jeweiligen sechs Wärmepulslaufstrecken. Auf der Primärachse sind die Kreuzkorrelationsfunktionen der drei stromabwärts befindlichen Thermoelementsignale je mit dem Thermoelementsignal am Hitzdraht dargestellt, während auf der Sekundärachse die der Thermoelementsignale in der Strömung untereinander dargestellt sind. Durch den diffusiven Effekt sind für längere Wärmepulslaufstrecken breitere Korrelationsfunktionen zu beobachten. Die Laufzeit zu den entsprechenden Laufstrecken wird durch die zeitliche Position des lokalen Maximums bestimmt. Die über die berechneten Laufzeiten und über die vorgegebenen Laufstrecken ermittelten Mittelwerte der Strömungsgeschwindigkeiten von Luft und ihre maximalen Abweichungen sind in Abbildung 7.41 a) gezeigt. Prinzipiell werden in allen Wärmepulslaufstrecken, in denen der Hitzdraht involviert ist, die Wärmepulse langsamer mitgeführt als in denen ohne die Beteiligung des Hitzdrahts. Des Weiteren wird die Strömungsgeschwindigkeit schneller mit größer werdender Laufstrecke. Die Gründe dafür liegen zum einen in dem Faltungsvorgang des Hitzdrahtssystems mit dem Strömungssystem, der bereits im Abschnitt 3.6 diskutiert wurde, und zum anderen an den Geschwindigkeitsverhältnissen hinter dem Hitzdraht aus

Abschnitt 6.3.2. Da der Hitzdraht wesentlich größer dimensioniert ist als die Thermoelemente, stellt sich die Anströmgeschwindigkeit erst nach einer größeren Distanz ein.

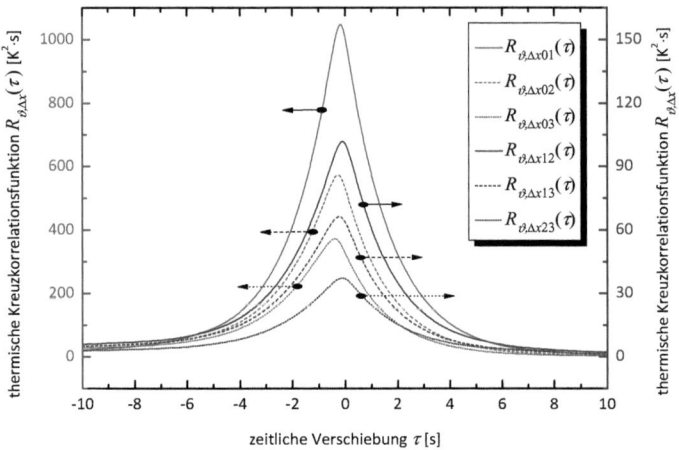

Abbildung 7.40: Thermische Kreuzkorrelationsfunktionen für verschiedene Pulslaufstrecken in Luft bei einer Strömungsgeschwindigkeit von 0,3 m/s.

Abbildung 7.41 b) stellt zur Verdeutlichung erneut nur die ermittelten Mittelwerte aus Abbildung 7.41 a) dar. Die besten Werte zeigen sich bei der Messstrecke Δx_{13} zwischen Thermoelement 1 und Thermoelement 3 im Fluidgebiet. Die Abweichung vom Referenzwert und somit der Anströmgeschwindigkeit ist hauptsächlich durch die Störkörper in der Strömung begründet und kann mit einer Gain-Kalibrierung korrigiert werden. Der Wert der Gain-Korrektur beträgt für Δx_{13} im Bereich von 0,6 m/s – 1 m/s etwa 0,7 mit einem relativen Fehler von < 1 %. In diesem Geschwindigkeitsbereich wird die kritische Reynolds-Zahl für die Durchströmung von 2300 erreicht, so dass der turbulente Strömungsbereich erreicht wird. Im unteren Strömungsgeschwindigkeitsbereich ist der Gain-Faktor höher.

ERGEBNISSE 161

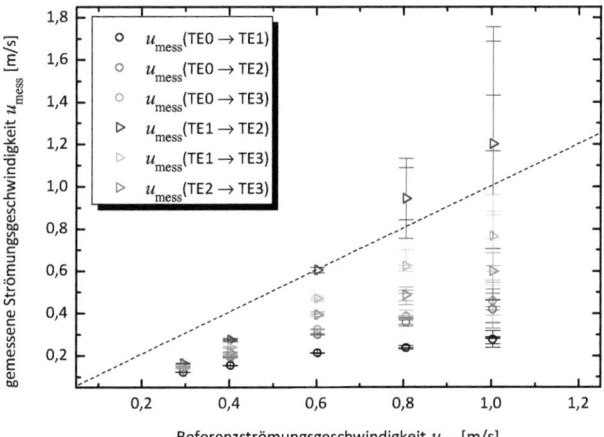

a)

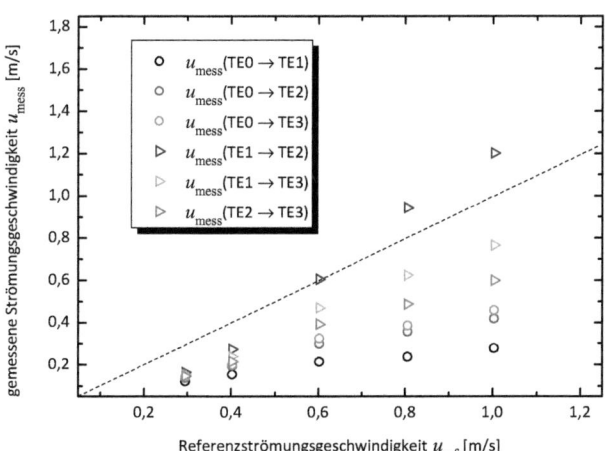

b)

Abbildung 7.41: *Gemessene Strömungsgeschwindigkeit und ihre maximalen Abweichungen in a) und die gemittelten Werte in b) von Luft für verschiedene Wärmepulslaufzeiten über das Korrelationsverfahren bei einer Abtastfrequenz von 800 Hz.*

Die tatsächliche Anströmgeschwindigkeit ist daher nach einem Störkörper in der Strömung am ehesten erreicht, je kleiner dieser Störkörper dimensioniert ist. Entscheidend ist auch die Einstellstrecke der Anströmgeschwindigkeit, in der sie ihren ursprünglichen Wert wieder einnimmt. Diese ist beim Vergleich zwischen den Laufstrecken TE1→TE3 und TE2→TE3 gut nachzuvollziehen. In der längeren Pulslaufstrecke sind die Wärmepulse stets schneller. In dem Gesamtvergleich ist jedoch die geeignetste Laufstrecke zwischen TE1 und TE2 zu finden, da erstens an ihr der Hitzdraht nicht beteiligt ist, und zweitens sie im Vorfeld nur durch die Störung des Hitzdrahts beeinflusst wird. Die Laufstrecken TE1→TE3 und TE2→TE3 werden von den in dem jeweiligen Laufweg befindlichen Thermoelementen zusätzlich beeinflusst. Durch die bei höherer Geschwindigkeit entstehenden Turbulenzen in der Strömung zeigt sich eine Instabilität der Messwerte in diesem Bereich.

Für die Bestimmung der Strömungsgeschwindigkeit in Wasser werden die Laufzeiten in Abbildung 7.42 durch das Zeit-Geschwindigkeit-Gesetz entsprechend des Sensoraufbaus veranschaulicht. Die thermofluiddynamischen Impulsantworten in Wasser sind bei einer Referenzströmungsgeschwindigkeit von 0,029 m/s in Abbildung 7.43 dargestellt.

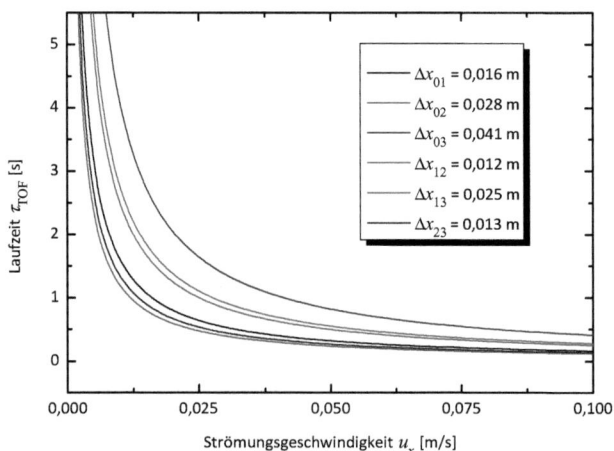

Abbildung 7.42:   *Zeit-Geschwindigkeit-Gesetz des Strömungssensors in Wasser.*

Im Unterschied zu Luft sind die Pulse in Wasser bei größer werdender Laufstrecke trotz einer geringen Strömungsgeschwindigkeit aufgrund der höheren Reynolds-Zahl von Wasser empfindlicher gegenüber Störobjekten. Dies ist deutlich an den Signalen durch die Thermoelemente 2 und 3 zu erkennen.

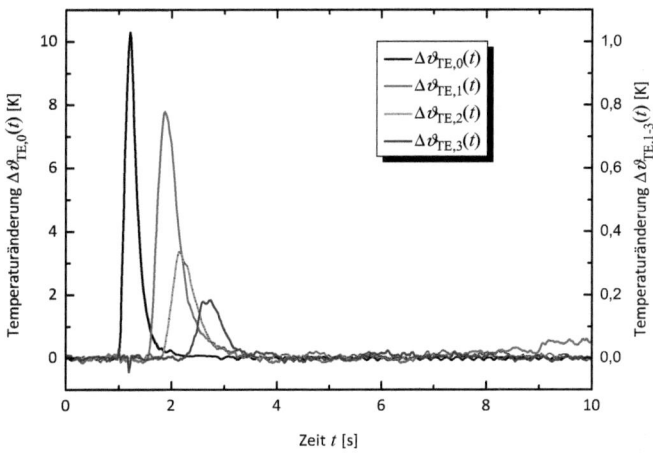

Abbildung 7.43: Thermofluiddynamische Signale in Wasser bei einer Strömungsgeschwindigkeit von 0,029 m/s zur Signalverarbeitung mittels Korrelationsverfahren für $\Delta x_{01} = 0,016$ m, $\Delta x_{02} = 0,028$ m und $\Delta x_{03} = 0,041$ m.

In Abbildung 7.44 werden die thermischen Kreuzkorrelationsfunktionen der Signale aus Abbildung 7.43 zu den entsprechenden Laufstrecken gezeigt. Die Primärachse zeigt die Kreuzkorrelationsfunktionen der drei stromabwärts befindlichen Thermoelementsignale je mit dem Thermoelementsignal am Hitzdraht, und die Sekundärachse zeigt die der Thermoelementsignale in der Strömung untereinander. Im Gegensatz zu Luft sind die geringeren thermischen Energien sowie die kleineren Pulsbreiten der Korrelationsfunktionen die kennzeichnenden Merkmale für die Untersuchungen in Wasser. Der nachhaltige Effekt des Hitzdrahts auf eine Pulsverbreiterung wird hierbei schärfer unterstrichen. Die Kreuzkorrelationsfunktionen ohne Hitzdrahtbeteiligung zeigen beträchtlich schmalere Pulse nahezu Peaks auf. Die durch das Korrelationsverfahren berechneten Mittelwerte der Strömungsgeschwindigkeiten für Wasser sind in Abbildung 7.45 a) gezeigt. Der

Referenzsensor für Wasser ermittelt hierbei die mittlere Strömungsgeschwindigkeit, während der TTOF-Sensor für die Detektion der maximalen Strömungsgeschwindigkeit in der Strömung justiert ist. Der Referenzwert wird gemäß Gleichung (2.20) verdoppelt. Identische Geschwindigkeitsverhältnisse hinsichtlich der verschiedenen Laufstreckenumstände wie in Luft ergeben sich ebenfalls in Wasser. Zu größeren Geschwindigkeiten hin weichen die Messwerte durch die stärker werdenden Turbulenz- und Wirbeleffekte demzufolge deutlicher ab.

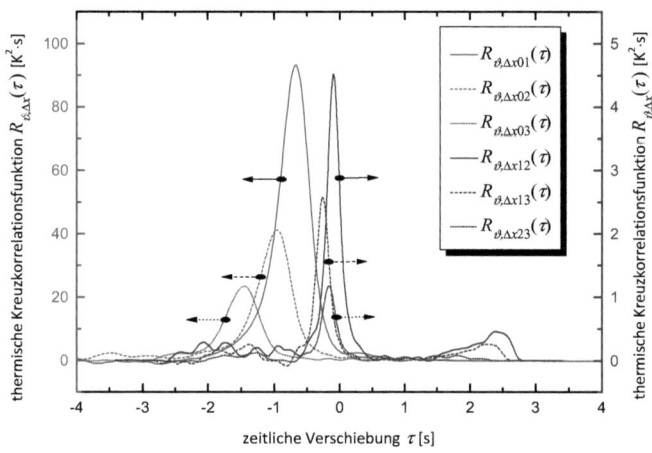

Abbildung 7.44: Thermische Kreuzkorrelationsfunktionen für verschiedene Pulslaufstrecken in Wasser bei einer Strömungsgeschwindigkeit von 0,029 m/s.

Abbildung 7.45 b) stellt zur Verdeutlichung erneut nur die ermittelten Mittelwerte aus Abbildung 7.45 a) dar. Auch für Wasser zeigen sich die besten Werte wie für Luft bei der Messstrecke Δx_{13} zwischen Thermoelement 1 und Thermoelement 3 im Fluidgebiet. Die Abweichung vom Referenzwert und somit der Anströmgeschwindigkeit beträgt nach einer Gain-Korrektur für Δx_{13} im Geschwindigkeitsbereich bis 0,14 m/s etwa ± 5 %.

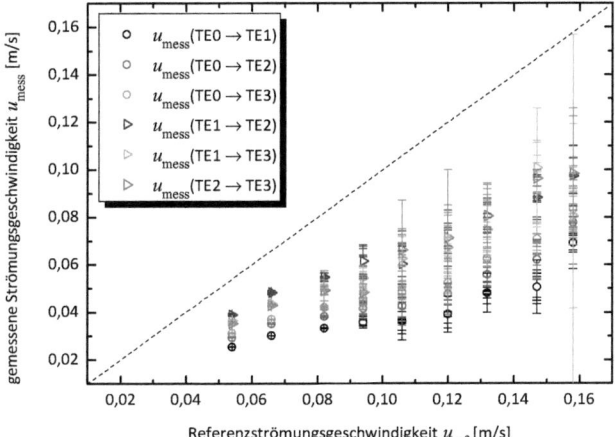

a)

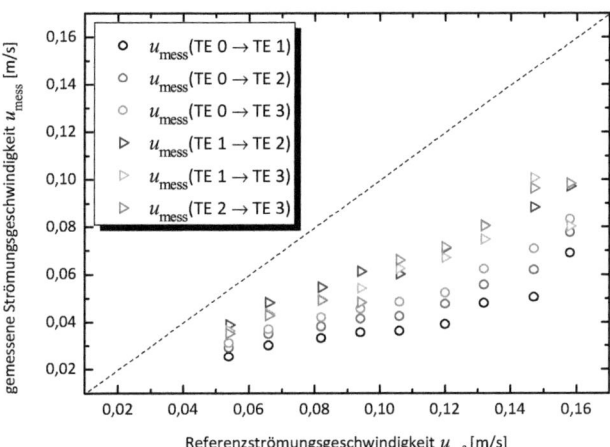

b)

Abbildung 7.45: Gemessene Strömungsgeschwindigkeit und ihre maximalen Abweichungen in a) und die gemittelten Werte in b) von Wasser für verschiedene Wärmepulslaufzeiten über das Korrelationsverfahren bei einer Abtastfrequenz von 800 Hz.

Bei dieser Rohrströmung für Wasser wird die kritische Reynolds-Zahl für die Durchströmung von 2300 bei einer Geschwindigkeit von 0,09 m/s erreicht. In dem oberen Geschwindigkeitsbereich größer als 0,14 m/s weichen selbst die gemittelten Werte stark von dem linearen Trend ab und es entsteht in diesem Bereich ein Fehlerschlauch.

Aus den bisherigen Erkenntnissen der negativen Strömungsbeeinflussung durch die Störkörper wird in den nächsten beiden Untersuchungen für den Luftversuchsstand nur je eine variable Wärmepulslaufstrecke in Erwägung gezogen, die vom Hitzdraht zu einem Thermoelement 1 bei zunächst einer Distanz von $\Delta x'_{01} = 0,057$ m und anschließend bei einer weiteren Distanz von $\Delta x''_{01} = 0,067$ m beträgt. Bei unterschiedlichen Strömungsgeschwindigkeiten sind die thermofluiddynamischen Impulsantworten am Thermoelement 1 für $\Delta x'_{01} = 0,057$ m in Abbildung 7.46 gezeigt. Dort ist auch der Übergang in den turbulenten Strömungsbereich durch die beiden schnelleren Wärmepulse ersichtlich.

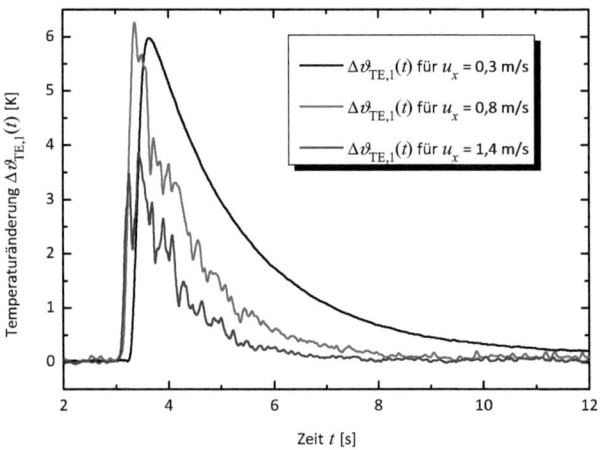

Abbildung 7.46:   *Thermofluiddynamische Signale für eine Wärmepulslaufstrecke am Thermoelement 1 bei unterschiedlichen Geschwindigkeiten in Luft für $\Delta x'_{01} = 0,057$ m.*

Aus den normierten Kreuzkorrelationsfunktionen der Signale mit dem strömungsmechanischen Störanteil ist in Abbildung 7.47 zu sehen, dass sie eine zeitliche Verschiebung der korrelierten Signale kaum ausgeben können, zumal auch zusätzlich eine hohe Strömungsgeschwindigkeit entsprechend eine hohe zeitliche Auflösung fordert. In Abbildung 7.48 werden die berechneten Strömungsgeschwindigkeiten für je zwei Laufstrecken untersucht. Die Wärmepulse bei der kürzeren Laufstrecke $\Delta x'_{01}$ = 0,057 m zeigen bessere Ergebnisse der Strömungsgeschwindigkeiten. Je größer die Laufstrecke wird, desto deutlicher werden die diffusiven Effekte an dem Wärmetransportvorgang. Die turbulenten Effekte bei höheren Geschwindigkeiten sind auch hier aufzufinden.

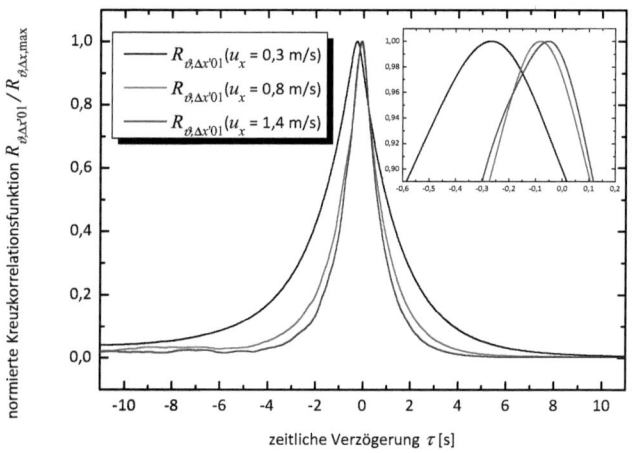

Abbildung 7.47:   *Thermische Kreuzkorrelationsfunktionen bei unterschiedlichen Strömungsgeschwindigkeit in Wasser für $\Delta x'_{01}$ = 0,057 m.*

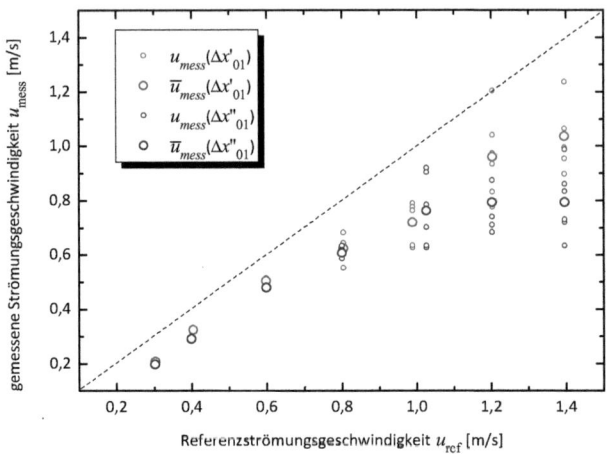

Abbildung 7.48: Gemittelte Strömungsgeschwindigkeit von Luft für je eine Wärmepulslaufstrecke von $\Delta x'_{01} = 0{,}057$ m und $\Delta x''_{01} = 0{,}067$ m über das Korrelationsverfahren.

Ein weiterer Ansatz zu der Ermittlung der Strömungsgeschwindigkeit ist die Anwendung eines inversen Filters auf die erfassten thermodynamischen Signale. Das Ziel hierbei ist es, die Impulsantwort der Wärmeströmung durch den Filterungsprozess zu extrahieren, die wiederum Aufschluss über die Laufzeit der Pulse gibt. Das Verfahren heißt Dekonvolution und ist im Abschnitt 4.4 beschrieben.

Abbildung 7.49 zeigt die durch die Dekonvolution experimentell berechneten Impulsantworten der Wärmeströmung zwischen Hitzdraht und Thermoelement 1 $h_{F01,\text{Dek}}(t)$ mit einer Laufstrecke von $\Delta x'_{01} = 0{,}057$ m bei unterschiedlichen Strömungsgeschwindigkeiten. Die Peaks deuten auf die entsprechenden Laufzeiten hin. Die dadurch berechneten Strömungsgeschwindigkeiten sind in Abbildung 7.50 dargestellt. Obwohl der Hitzdraht in dem Verfahren beteiligt ist, erfährt die Strömungsgeschwindigkeit mit diesem Verfahren eine geringere Beeinflussung, da in diesem Verfahren ausschließlich die Impulsantwort des Wärmeströmungssystems zum Tragen kommt.

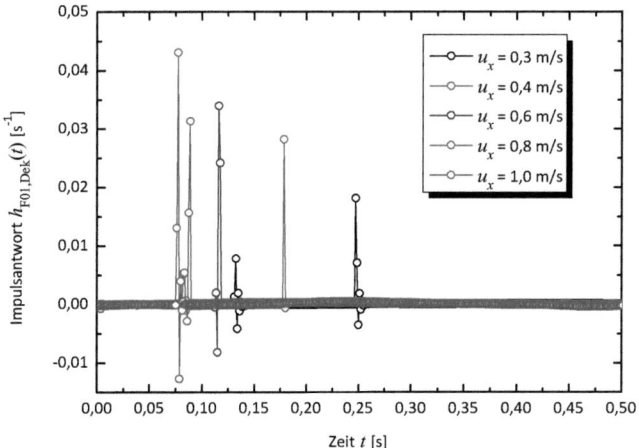

Abbildung 7.49: Impulsantwort des Wärmeströmungssystems für Luft bei unterschiedlichen Geschwindigkeiten zwischen Hitzdraht und Thermoelement 1 für $\Delta x'_{01}$ = 0,057 m.

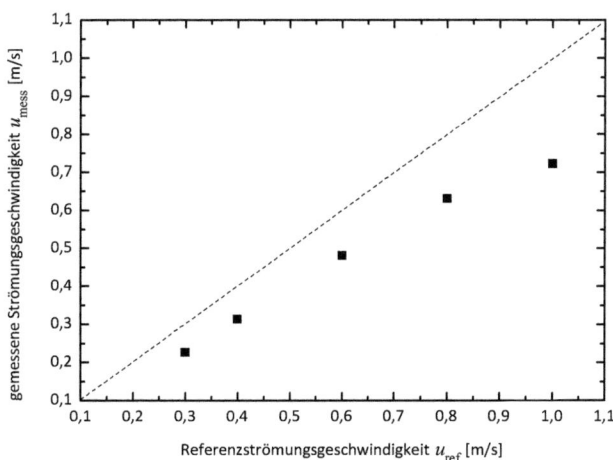

Abbildung 7.50: Messung der Strömungsgeschwindigkeit von Luft für je eine Wärmepulslaufstrecke vom Hitzdraht zum Thermoelement 1 von $\Delta x'_{01}$ = 0,057 m über inverse Filterung.

7.6 Rauschmessungen der Thermoelemente

Entsprechend den Überlegungen im Abschnitt 5 zur Rauschanalyse der Thermoelemente wird in diesem Abschnitt kurz das Rauschverhalten im Zeitbereich experimentell untersucht. Abbildung 7.51 zeigt einen Ausschnitt des Temperatursignals bei konstanter Temperatur am Thermoelement 1 für Wasser bei einer Strömungsgeschwindigkeit von 0,029 m/s. Der Signalausschnitt beinhaltet 301 Messwerte bei einer Abtastfrequenz von 50 Hz. Im Vorfeld ist der Mittelwert berechnet und subtrahiert worden, so dass der betrachtete Ausschnitt mittelwertfrei ist. Die dazugehörige Häufigkeitsverteilung ist in Abbildung 7.52 gezeigt. Der äquidistante Temperaturabstand in der Darstellung beträgt 0,0015 K. Die Höhe der Säulen stellt die Häufigkeit bzw. die Anzahl der Messwerte innerhalb des entsprechenden Temperaturbereichs dar.

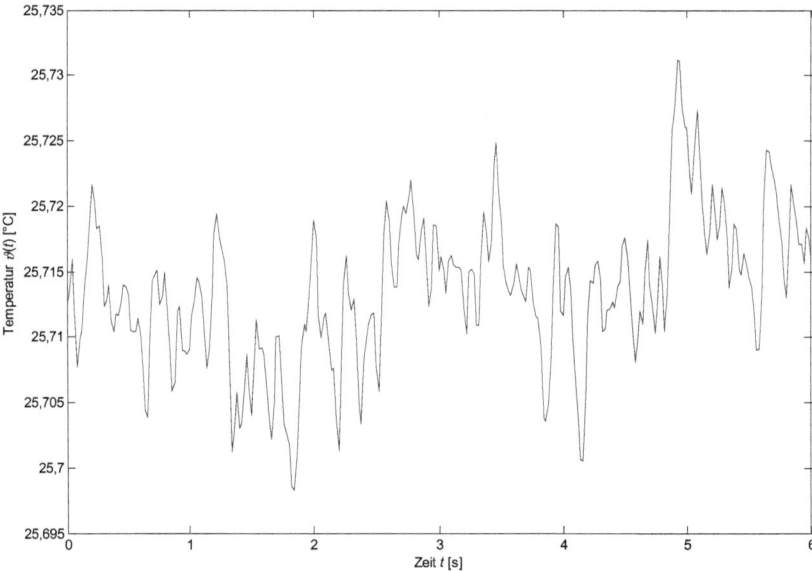

Abbildung 7.51: Rauschsignal gemessen am Thermoelement 1 für Wasser bei einer Strömungsgeschwindigkeit von 0,054 m/s.

ERGEBNISSE 171

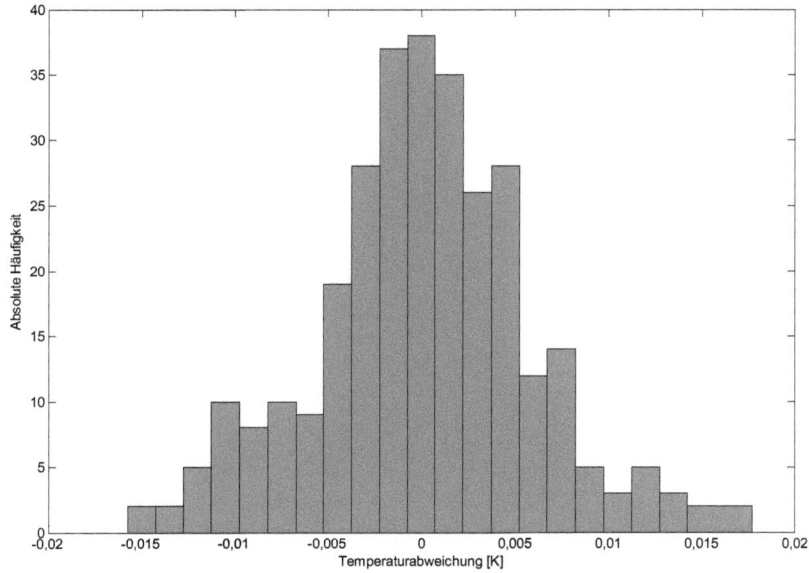

Abbildung 7.52: Häufigkeitsverteilung der Rauschmessung aus Abbildung 7.51 mit 0,0015 K breiten Temperaturbalken für Wasser bei einer Strömungsgeschwindigkeit von 0,054 m/s.

Eine Aussage über die Wahrscheinlichkeitsverteilung gibt die Häufigkeitsdichte bzw. Wahrscheinlichkeitsdichte in Abbildung 7.53, wobei bei der Häufigkeitsdichte der Flächeninhalt einer Säule die Wahrscheinlichkeit wiedergibt. Zählt man alle Säulen zusammen, so erhält man eine Wahrscheinlichkeit von 100 %. Die Häufigkeitsdichte lässt sich gut mit einer Gauß-Funktion approximieren. Die Wahrscheinlichkeitsdichte ergibt sich aus dem Wert der Standardabweichung und repräsentiert die Häufigkeitsdichte.

Aus dieser experimentellen Untersuchung zum Rauschverhalten der Thermoelemente wird gezeigt, dass die Rauschquelle des Sensors bzw. das Rauschen der Thermoelemente durch die gaußförmige Amplitudencharakteristik mit dem thermischen Rauschen beschrieben werden kann.

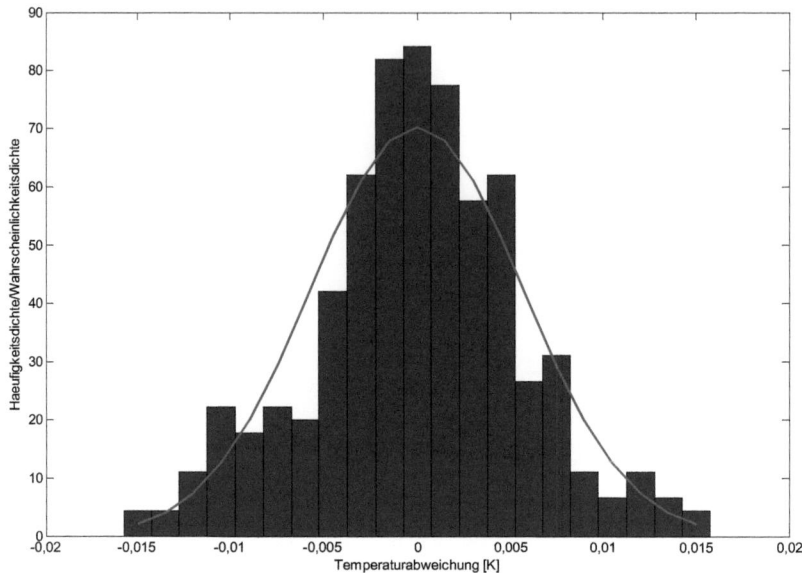

Abbildung 7.53:   Häufigkeitsdichte und Wahrscheinlichkeitsdichtefunktion der Rauschmessung aus Abbildung 7.51 für Wasser bei einer Strömungsgeschwindigkeit von 0,054 m/s.

8. Zusammenfassung und Ausblick

Der Gegenstand der vorliegenden Arbeit ist die systemtheoretische Beschreibung eines neuartigen medienunabhängigen Strömungssensors beruhend auf dem thermischen Laufzeitverfahren (TTOF: Thermal Time-of-Flight) und die Findung geeigneter Signalverarbeitungsverfahren zur Ermittlung einer Fluidgeschwindigkeit in einer Rohrströmung. Dabei wird der Sensor mittig in eine laminare Rohrströmung positioniert, so dass die maximale Strömungsgeschwindigkeit detektiert wird. Die Idee des TTOF-Verfahrens zur Bestimmung der Strömungsgeschwindigkeit ist die lokale Erzeugung eines Wärmepulses, dessen Mitführung und dessen Detektion nach einer vorgegebenen Pulslaufstrecke in einem strömenden Fluid. Für die Realisierung der Wärmeerzeugung wird das Hitzdrahtverfahren angewendet. Während bei der herkömmlichen Anemometrie der Hitzdraht auf eine konstante thermische oder elektrische Größe geregelt wird, wird beim TTOF-Verfahren der Strom oder die Spannung des Hitzdrahts im Pulsbetrieb aufgegeben. Thermoelemente messen im Sensorbetrieb sowohl das Temperatursignal des Hitzdrahts als auch die Temperatursignale stromabwärts im Fluidgebiet. Für den gesamten thermofluiddynamischen TTOF-Strömungssensor wird je ein lineares zeitinvariantes (LZI) Modell des Hitzdrahts inklusive seiner umströmten Fluidumgebung, des Thermoelements und des Fluidgebiets mit einer gewissen Pulslaufstrecke erstellt und zu einem Gesamtmodell zusammengeführt, welches für eine laminare Rohrströmungsform angewendet werden kann. Abhängig von dem Fluid kann der laminare Geschwindigkeitsbereich des Modells aufgrund der unterschiedlichen Reynolds-Zahlen variieren. Wasserströmung erreicht bei geringen Geschwindigkeiten hohe Reynolds-Zahlen. Dies zeigt sich insbesondere bei der Umströmung vom Hitzdraht durch die Wirbelentstehung in den unterschiedlichen Geschwindigkeitsbereichen für Wasser und Luft. Ebenso wird bei der Rohrdurchströmung für Wasser die turbulente Strömungsform eher gebildet als für Luft.

Die Überströmlänge ist bei der Modellierung des Hitzdrahtsystems ein entscheidender Parameter für die Menge der Wärmeabgabe, da dieser die Wärmeübertragung vom Hitzdraht an das Fluid beschreibt. Jedes Fluid zeigt durch die Prandtl-Zahl eine unterschiedliche Umströmungscharakteristik um Störkörper, die sich ebenfalls durch die Strömungsgrenzschicht in der

Überströmlänge kenntlich macht. Bei dem TTOF-Verfahren wird durch die Einbringung des Hitzdrahts und der Thermoelemente die Anströmgeschwindigkeit enorm beeinflusst. Wählt man für das Sensorkonzept eine Pulslaufstrecke zwischen Hitzdraht und Thermoelement, so wirkt sich einerseits das Temperatursignal des Hitzdrahts beim Faltungsprozess insbesondere für Gase negativ auf die Strömungsgeschwindigkeitsbestimmung aus. Andererseits bleibt durch den Einsatz von einem Thermoelement im Fluidgebiet die strömungsmechanische Beeinflussung gering. Wird eine Pulslaufstrecke zwischen zwei Thermoelementen im Fluidgebiet gewählt, so wird das Strömungsverhalten stärker beeinträchtigt. Die strömungsmechanische Beeinflussung durch den Einsatz des Hitzdrahts und der Thermoelemente bleiben bestehen. Die strömungsmechanische Beeinflussung kann sowohl durch eine geeignete Wahl der Anzahl und der Form der einzusetzenden Störelemente und der Länge der Pulslaufstrecke als auch durch die Kenntnis des viskosen Umströmungsverhaltens des Fluids minimiert werden. Um die Verwirbelungen hinter dem Hitzdraht zu reduzieren und die Anströmgeschwindigkeit noch in der Pulslaufstrecke bzw. Messstrecke einstellen zu lassen, ist eine aerodynamische Form des Hitzdrahts wie beispielsweise die eines Tragflügels denkbar. Die Modellbildung turbulenter Strömungen und der Entstehung von Verwirbelungen mittels der Kármánschen Wirbelstraße sowie die entsprechenden Berechnung sind durchführbar[Nau-80].

Mit dem Korrelationsverfahren wird die thermofluiddynamische Laufzeit bestimmt. Der diffusive Wärmeleitungseffekt verzerrt den Wärmepuls asymmetrisch und verschiebt dadurch das lokale Maximum. Mit steigender Geschwindigkeit nimmt dieser Effekt ab, jedoch geht dabei auch die Strömung in den turbulenter Bereich über. Der relative Fehler der Strömungsgeschwindigkeit im Bereich der Messstrecke bleibt bei kleinen Geschwindigkeiten gering. Durch die Anwendung eines inversen Filters beim Dekonvolutionsprozess wird der relative Fehler verbessert.

Insgesamt hängt die Bandbreite des Sensorsystems und somit die geeignete Anregungssignalfrequenz von der Strömungsgeschwindigkeit, dem Hitzdraht in seiner Form, Dimension und Material, der Länge der Pulslaufstrecke und dem strömenden Fluid ab. Weitere Signalparameter wie Amplitude und Periodendauer können je nach Fluid abgestimmt werden. Durch die Wahl der Periodendauer kann die Messrate des Sensors eingestellt werden. Durch das

Zeit-Geschwindigkeit-Gesetz bedarf es zu höheren Strömungsgeschwindigkeiten hin einer höheren zeitlichen Auflösung der Temperatursignale.

Da der Hitzdraht als Objekt in der Strömung und die Thermoelemente in der Messstrecke die Anströmgeschwindigkeit des Fluids nicht unbeträchtlich beeinflussen, ist ein berührungsloses Verfahren zur Wärmeerzeugung und Detektion für das TTOF-Prinzip wünschenswert. Auf diese Weise werden die thermofluiddynamischen Signale ausschließlich von der Wärmeübertragung im Fluid bestimmt.

Das thermofluiddynamische Pulssignal am Hitzdraht gibt mit seiner Amplitude und Abfallzeit zwei informative Parameter über das Fluid und seine Anströmgeschwindigkeit aus. Eine gepulste Hitzdrahtanemometrie ohne Laufzeitmessung wäre auch für turbulente Strömungen durchführbar, da das Temperatursignal am Hitzdraht stabil bleibt.

LITERATURVERZEICHNIS

[Adá-04] Adámek, M. and Neumann, P.: *Modelling and Design of Time – of – Flight Sensor*, 5th IEEE Asian Control Conference, Vol. 2, pp. 1066-1070, 2004.

[Ash-98] Ashauer, M., Glosch, H., Hedrich, F., Hey, N., Sandmaier, H., Lang, W.: *Thermal flow sensor for liquids and gases*, The IEEE Eleventh Annual International Workshop on Micro Electro Mechanical Systems (MEMS), 1998.

[Bae-10] Baehr, H.D., Stephan, K.: *Wärme- und Stoffübertragung*, Springer-Verlag Berlin Heidelberg, 2010.

[Bec-81] Beck, M.S.: *Correlation in Instruments: Cross-Correlation Flowmeters*, J. Phys. E: Sci. Instrum., Vol. 14, pp. 7-19, 1981.

[Ber-98] Bergmann, L., Schaefer, C.: *Lehrbuch der Experimentalphysik, Band 1: Mechanik, Relativität, Wärme*, Walter de Gruyter GmbH & Co., Berlin New York, 1998.

[Ber-04] Bernhard, F. (Hrsg.): *Technische Temperaturmessung*, VDI, Springer-Verlag Berlin Heidelberg, 2004.

[Bla-81] Blackwelder, R.F.: *Hot-Wire and Hot-Film Anemometers*, in: Marton, L., Marton, C., Methods of Experimental Physics, Volume 18, Part A, Fluid Dynamics (ed. R.J. Emrich), pp. 259-314, Academic Press Inc., New York, 1981.

[Bon-02] Bonfig, K.W.: *Technische Durchflussmessung*, Vulkan-Verlag GmbH, 2002.

[Bor-68] Borgioli, R.C.: *Fast Fourier Transform Correlation Versus Direct Discrete Time Correlation,* Proceedings of the IEEE, 1968.

[Bra-71] Bradbury, L.J.S. and Castro, I.P.: *A pulsed-wire technique for velocity measurements in highly turbulent flows*, Journal of Fluid Mechanics, Vol. 49, Part 4, pp. 657-691, Cambridge University Press, 1971.

[Bra-05] Braess, D. and Hackbusch, W.: *Approximation of 1/x by exponential sums in [1,∞)*, Institute of Mathematics and its

Applications, IMA Journal of Numerical Analysis, 25, pp. 685-97, 2005.

[Bru-95] Bruun, H.H.: *Hot-Wire Anemometry: Principles and Signal Analysis*, Oxford University Press Inc., New York, 1995.

[But-09] Butz, T: *Fouriertransformation für Fußgänger,* Vieweg+Teubner Verlag, GWV Fachverlage GmbH Wiesbaden, 2009.

[Cat-00] Catton, J.A., Kuga, Y, Ishimaru, A.: *Velocity Measurement Using Angular- And Frequency-Correlation Techniques*, The Record of the IEEE International Radar Conference, pp. 155-159, 2000.

[Dur-06] Durst, F.: *Grundlagen der Strömungsmechanik: 21 Einführung in die Strömungsmesstechnik*, Springer-Verlag Berlin Heidelberg, 2006.

[Eci-09] Ecin, O., Engelien, E., Malek, M., Viga, R., Hosticka, B.J., Grabmaier, A.: *Modelling Thermal Time-of-Flight Sensor for Flow Velocity Measurement*, COMSOL Conference Milan, 2009.

[Eci-10] Ecin, O., Engelien, E., Strathen, B., Malek, M., Gu, D., Viga, R., Hosticka, B.J., Grabmaier, A.: *Thermal Signal Behaviour for Air Flow Measurements as Fundamentals to Time-of-Flight*, 3rd IEEE Electronic System-Integration Technology Conference (ESTC), pp. 1-6, 2010.

[Eci-11a] Ecin, O., Engelien, E., Viga, R., Hosticka, B.J., Grabmaier, A.: *System-Theoretical Analysis and Modeling of Pulsed Thermal Time-of-Flight Flow Sensor*, IEEE 7th Conference on Ph.D. Research in Microelectronics and Electronics (PRIME), pp. 149-152, 2011.

[Eci-11b] Ecin, O., Viga, R., Hosticka, B.J., Grabmaier, A.: *Signal Characterization of a Pulsed-Wire and Heat Flow System at a Flow Sensor*, IEEE 20th Conference on Circuit Theory and Design (ECCTD), pp. 413-416, 2011.

[Eci-11c] Ecin, O., Malik, I.Y., Malek, M., Hosticka, B.J., Grabmaier, A.: *Thermo-Fluidic Impulse Response and TOF Analysis of a Pulsed Hot Wire*, COMSOL Conference Stuttgart, 2011.

[Eci-12]   Ecin, O., Zhao, R., Hosticka, B.J., Grabmaier, A.: *Thermo-Fluid Dynamic Time-of-Flight Flow Sensor System*, 11th IEEE Sensors Conference, accepted paper, 2012.

[Eng-09]   Engelien, E., Ecin, O., Viga, R., Hosticka, B., Grabmaier, A.: *Evaluation on Thermocouples for the Thermal Time-Of-Flight Flow Measurement*, 54. Internationales Kolloquium IWK, 2009.

[Eng-10]   Engelien, E., Ecin, O., Strathen, B., Viga, R., Hosticka, B.J., Grabmaier, A.: *Sensor Modelling for Gas Flow Measurements using Thermal Time-of-Flight Method*, Sensor+Test Conference 2010, 15. ITG/GMA-Fachtagung Nürnberg, 2010.

[Eng-11]   Engelien, E., Ecin, O., Viga, R., Hosticka, B.J., Grabmaier, A.: *Calibration-Free Volume Flow Measurement Principle Based on Thermal Time-of-Flight (TTOF) for Gases, Liquids and Mixtures*, 15th International Conference on Sensors and Measurement Technology 2011, AMA Service GmbH, 2011.

[Fey-07]   Feynman, R.P., Leighton, R.B. und Sands, M.: *Feynman Vorlesungen über Physik Band II: Elektromagnetismus und Struktur der Materie*, Oldenbourg Wissenschaftsverlag GmbH München, 2007.

[Fie-92]   Fiedler, O.: *Strömungs- und Durchflußmeßtechnik*, R. Oldenbourg GmbH München, 1992.

[Föl-77]   Föllinger, O.: *Laplace- und Fourier-Transformation*, Elitera-Verlag Berlin, 1977.

[Fra-10]   Fraden, J.: *Handbook of Modern Sensors: Physics, Design, and Applications*, Springer Science+Business Media, Library of Congress Control Number: 2010932807, 2010.

[Fre-04]   Frey, T, Bossert, M: *Signal- und Systemtheorie*, Vieweg+Teubner, GWV Fachverlage Gmbh Wiesbaden, 2008.

[Gir-07]   Girod, B., Rabenstein, R., Stenger, A.: *Einführung in die Systemtheorie: Signale und Systeme in der Elektrotechnik und Informationstechnik*, B.G. Teubner Verlag / GWV Fachverlage GmbH, Wiesbaden 2007.

[Gri-10]   Grimm, K, Nigrin, S., Tönnersmann, A und Dismon, H.: *Abgasmassenstromsensor für PKW- und NFZ-Anwendungen*, Motortechnische Zeitschrift MTZ extra, 100 Jahre Kolbenschmidt Pierburg, Ausgabe Nr. 2010-01, 2010.

[Grü-08]   Grünigen von, D.Ch.: *Digitale Signalverarbeitung: mit einer Einführung in die kontinuierlichen Signale und Systeme*, Carl Hanser Verlag München, 2008.

[Hän-97]   Hänsler, E.: *Statistische Signale: Grundlagen und Anwendungen*, Springer-Verlag Berlin Heidelberg, 1997.

[Har-02]   Hariadi, I., Trieu, H.-K., Vogt, H.: *Modelling of Microsystem Flow Sensor based on Thermal Time-of-Flight Mode*, Design, Test, Integration, and Packaging of MEMS/MOEMS, 2002.

[Her-00]   Herwig, H.: *Wärmeübertragung A-Z: Systematische und ausführliche Erläuterungen wichtiger Größen und Konzepte*, Springer Verlag Berlin Heidelberg New York, 2000.

[Hof-98]   Hoffmann, R.: *Signalanalyse und –erkennung: Eine Einführung für Informationstechniker*, Springer-Verlag Berlin Heidelberg, 1998.

[Hof-05]   Hoffmann, R.: *Grundlagen der Frequenzanalyse: Eine Einführung für Ingenieure und Informatiker*, expert verlag GmbH, Fachverlag für Wirtschaft und Technik, Reihe: Kontakt und Studium Band 620, 2005.

[Hol-01]   Holman, J.P.: *Experimental Methods for Engineers, Chapter 8: The Measurement of Temperature*, McGraw-Hill series in mechanical engineering, 2001.

[Kuh-07]   Kuhlmann, H.: *Strömungsmechanik*, Pearson Studium, 2007.

[Lan-08a] Landau, L.D., Lifschitz, E.M.: *Lehrbuch der theoretischen Physik (Band V): Statistische Physik, Teil 1*, Wissenschaftlicher Verlag Harri Deutsch GmbH, Frankfurt am Main, 2008.

[Lan-08b] Lange, P., Melani, M., Bertini, L, De Marinis, M.: *Thermal mass flow sensor for measurement of liquids (water)*, IEEE 2nd European Conference & Exhibition on Integration Issues of Miniaturized Systems – MOMS, MOEMS, ICS and Electronic Components (SSI), 2008.

[Lan-91]	Landau, L.D., Lifschitz, E.M.: *Lehrbuch der theoretischen Physik (Band VI): Hydrodynamik*, Akademie Verlag GmbH, Berlin, 1991.
[Lom-86]	Lomas, C.G.: *Fundamentals of Hot Wire Anemometry*, Cambridge University Press, 1986.
[Lüd-99]	Lüdecke, A., Trieu, H.-K., Hoffmann, G., Weyand, P. and Pelz, G.: *Modeling in Hardware Description Languages for the Simulation of Coupled Fluidic, Thermal and Electrical Effects*, International Workshop on Behavioral Modeling and Simulation (BMAS), 1999.
[Mar-07]	Marek, R, Nitsche, K.: *Praxis der Wärmeübertragung: Grundlagen – Anwendungen - Übungsaufgaben*, Fachbuchverlag Leipzig im Carl Hanser Verlag München, 2007.
[Mat-05]	Matsuda, K.: *Inverse Gaussian Distribution*, Department of Economics, The Graduate Center, The City University of New York, 2005.
[Mer-87]	Merker, G.P.: *Konvektive Wärmeübertragung*, Springer-Verlag Berlin Heidelberg New York, 1987.
[Nau-80]	Naue, G., Schmidt, W.W., Scholz, R., Wolf, P.: *Modellierung und Berechnung turbulenter Strömungen und Anwendungen in der Technik*, Zeitschrift Technische Mechanik, TECHNISCHE MECHANIK 1 Heft 1, Magdeburger Verein für Technische Mechanik e.V. und Otto-von-Guericke-Universität Magdeburg, 1980.
[Ngu-96]	Nguyen, N.-T., Dötzel, W.: *Mikromechanische Strömungssensoren im Überblick*, F&M Feinwerktechnik Mikrotechnik und Messtechnik, 9/96, pp. 644-648, 1996.
[Ohm-07]	Ohm, J.-R., Lüke, H.D.: *Signalübertragung: Grundlagen der digitalen und analogen Nachrichtenübertragungssysteme*, Springer-Verlag Berlin Heidelberg, 2007.
[Oer-08]	Oertel jr., H. (Hrsg.): *Prandtl – Führer durch die Strömungslehre*, Vieweg + Teubner Verlag, GWV Fachverlage GmbH, Wiesbaden, 2008.
[Pel-05]	Pelster, R, Pieper, R., Hüttl, I.: *Thermospannungen – Viel genutzt und fast immer falsch erklärt*, PhyDid A - Physik und Didaktik in Schule und Hochschule, PhyDid, Nr. 4, Band 1, pp. 10-22, 2005.

[Per-09a]   Pereira, M.: *Flow Meters: Part 1*, IEEE Instrumentation & Measurement Magazine, Vol. 12, Issue 1, pp. 18-26, 2009.

[Per-09b]   Pereira, M.: *Tutorial 20: Flow Meters: Part 2-Part 20 in a series of tutorials in instrumentation and measurement*, IEEE Instrumentation & Measurement Magazine, Vol. 12, Issue 3, pp. 21-27, 2009.

[Pol-09]   Polifke, W., Kopitz, J.: *Wärmeübertragung: Grundlagen, analytische und numerische Methoden*, Pearson Studium, 2009.

[Ram-85]   Ramirez, R.W.: *The FFT: Fundamentals and Concepts*, Tektronix, Inc., Englewood Cliffs, New Jersey 07632, 1985.

[Rat-07]   Rathakrishnan, E.: *Instrumentation, Measurements, and Experiments in Fluids*, CRC Press Taylor & Francis Group, Boca Raton, 2007.

[Rud-07]   Rudolph, D.: *Modulation und Rauschen*, Skript Nr. 6 zu Modulationen auf www.diru-beze.de, Technische Fachhochschule Berlin, 2007.

[Sar-07]   Sarnes, B. and Schrüfer, E.: *Determination of the time behavior of thermocouples for sensor speedup and medium supervision*, Proceedings of the Estonian Academy of Sciences Engineering, **13**, 4, pp. 295-309, 2007.

[Sch-78]   Schymura, H.: *Rauschen in der Nachrichtentechnik*, Hüthig- und Pflaum-Verlag, GmbH & Co, KG, München/Heidelberg, 1978.

[Sch-07]   Schade, H., Kunz, E., Kameier, F. [Bearb.], Paschereit, C.O. [Bearb.]: *Strömungslehre*, Walter de Gruyter GmbH & Co. KG, 10785 Berlin, 2007.

[Sch-10]   Scherf, H.: *Modellbildung und Simulation dynamischer Systeme*, Oldenbourg Wissenschaftsverlag GmbH, 2010.

[Sch-12]   Schweizer, B.: *Partielle Differentialgleichungen: Eine anwendungsorientierte Einführung in die lineare und die nichtlineare Theorie*, Vorlesungsskript TU Dortmund, 2012.

[She-83]   Sheen, S.H. and Raptis, A.C.: *Active Acoustics Cross-Correlation Technique Applied to Flow Velocity Measurement in Coal/Liquid Slurry*, IEEE Ultrasonics Symposium, pp. 591-594, 1983.

Literaturverzeichnis

[Sig-09] Sigloch, H.: *Technische Fluidmechanik*, Springer-Verlag Berlin Heidelberg, 2009.

[Smi-03] Smith, S.W.: *Digital Signal Processing: A Practical Guide for Engineers and Scientists*, Elsevier Science, Steven W. Smith, 2003.

[Soc-02] Socolofsky, S.A., Jirka, G.H.: *Environmental Fluid Mechanics Part I: Mass Transfer and Diffusion*, Engineering Lectures, Institut für Hydromechanik, Universität Karlsruhe, 2002.

[Spe-09] Specht, E.: *Wärme- und Stoffübertragung*, Vorlesungsskript WS2009/2010, Lehrstuhl Thermodynamik und Verbrennung, Otto von Guericke Universität, 2009.

[Spu-07] Spurk, J.H., Aksel, N.: *Strömungslehre: Einführung in die Theorie der Strömungen*, Springer-Verlag Berlin Heidelberg, 2007.

[Str-74] Strickert, H.: *Hitzdraht- und Hitzfilmanemometrie*, VEB Verlag Technik Berlin, 1974.

[VDI-06] Verein Deutscher Ingenieure VDI-Gesellschaft Verfahrenstechnik und Chemieingenieurwesen (GVC) (Hrsg.): *VDI-Wärmeatlas*, Springer-Verlag Berlin Heidelberg, 2006.

[Web-99] Webster, J.G.: *The Measurement, Instrumentation, and Sensors Handbook*, CRC Press LLC, Springer-Verlag GmbH & Co. KG, IEEE Press, 1999.

[Wit-83] Witte, W.: *Ein Beitrag zur korrelativen Volumenstrommessung mit pseudozufälligen Markierungen im Strömungsmittel*, Dissertation im Fachbereich Elektrotechnik der Universität Kaiserslautern, 1983.

[Wol-97] Wolff, I.: *Grundlagen der Elektrotechnik: Einführung in die elektrischen und magnetischen Felder und die Grundlagen der Netzwerktheorie*, Verlagsbuchhandlung Nellissen-Wolff GmbH, 1997.

i want morebooks!

Buy your books fast and straightforward online - at one of world's fastest growing online book stores! Environmentally sound due to Print-on-Demand technologies.

Buy your books online at
www.get-morebooks.com

Kaufen Sie Ihre Bücher schnell und unkompliziert online – auf einer der am schnellsten wachsenden Buchhandelsplattformen weltweit! Dank Print-On-Demand umwelt- und ressourcenschonend produziert.

Bücher schneller online kaufen
www.morebooks.de

VDM Verlagsservicegesellschaft mbH
Heinrich-Böcking-Str. 6-8   Telefon: +49 681 3720 174   info@vdm-vsg.de
D - 66121 Saarbrücken   Telefax: +49 681 3720 1749 www.vdm-vsg.de

Printed by Books on Demand GmbH, Norderstedt / Germany